数据产品经理修炼手册

从零基础到大数据产品实践

梁旭鹏 / 著

电子工业出版社
Publishing House of Electronics Industry
北京·BEIJING

内 容 简 介

本书共 8 章，全面和详尽地介绍了数据产品经理的日常工作、需要的基础知识和常用的分析方法，也介绍了数据仓库的理论与应用，以及大数据分析平台、用户行为分析平台、AB 实验平台等数据产品的建设，最后介绍了数据产品在各个业务领域中的应用。从基础知识到项目进阶，本书内容充分结合业务实践，剥开数据产品经理的神秘面纱。

本书讲解了数据产品领域的术与道，不是泛泛地讲报表设计，而是更偏重于产品逻辑和设计思路，详细地介绍了数据产品经理的核心能力、必备技能以及产品实践。在各大互联网公司大数据项目基础上，本书详细地讲述了数据产品经理的成长历程。

本书适用于即将从事数据产品工作的新人，同时也适用于已经在数据产品领域工作 3 年以内的数据产品经理，本书适合作为数据产品经理的第一本书。

未经许可，不得以任何方式复制或抄袭本书之部分或全部内容。
版权所有，侵权必究。

图书在版编目（CIP）数据

数据产品经理修炼手册：从零基础到大数据产品实践 / 梁旭鹏著 . —北京：电子工业出版社，2019.3
ISBN 978-7-121-36034-3

Ⅰ．①数… Ⅱ．①梁… Ⅲ．①数据处理－产品管理－手册 Ⅳ．① TP274-62

中国版本图书馆 CIP 数据核字（2019）第 026520 号

策划编辑：石　悦
责任编辑：石　悦
印　　刷：天津千鹤文化传播有限公司
装　　订：天津千鹤文化传播有限公司
出版发行：电子工业出版社
　　　　　北京市海淀区万寿路 173 信箱　邮编：100036
开　　本：720×1000　1/16　印张：15.75　字数：291 千字
版　　次：2019 年 3 月第 1 版
印　　次：2022 年 1 月第 10 次印刷
定　　价：79.00 元

凡所购买电子工业出版社图书有缺损问题，请向购买书店调换。若书店售缺，请与本社发行部联系，联系及邮购电话：（010）88254888，88258888。
质量投诉请发邮件至 zlts@phei.com.cn，盗版侵权举报请发邮件至 dbqq@phei.com.cn。
本书咨询联系方式：（010）51260888-819，faq@phei.com.cn。

1. 为什么要写这本书

工作以后，我喜欢把工作中遇到的问题和思路做一些总结，然后整理成文章，并通过"人人都是产品经理"社区把这些文章发表出来，慢慢地，积累了一些读者，也收到了很多读者的一些反馈和疑问，正是读者的这些问题，一直督促我不断更新、完善自己的专栏。

直到有一天，电子工业出版社博文视点公司的石悦编辑联系到我，问我有没有兴趣写一本数据产品经理方面的书，现在市面上这类书不多。这与我写专栏的目的不谋而合，我写专栏就是想让更多的人了解数据产品经理，与别人分享做数据产品经理的心得和体会，写书会更系统地传播这些知识。于是，我就欣然接受了。

在面试别人的时候，我总爱问："你最近看了数据产品经理方面的什么书？"面试者大部分都会说市面上讲数据产品经理的太少了，大部分都是讲数据分析的，例如《数据化管理：洞悉零售及电子商务运营》《深入浅出数据分析》等。确实，因为数据产品经理是大数据成熟应用以后才有的职位，只有三五年的时间，所以这方面的书远没有数据分析这个已经相对成熟的行业多。甚至有些人，根本分不清数据产品和数据分析，或者干脆一起投递简历了。

目前，大数据在各个领域的应用越来越广，数据驱动产品和精细化运营已经是企业经营的制胜法宝。把数据产品化，并通过数据产品真正驱动业务增长，越来越受到人们关注。但是，现在市面上相关实战经验的书籍还比较少，市场还相对空白，数据产品经理还是一个新的岗位。因此，我会充分结合业务的情况来讲述数据产品经理的日常工作，同时，讲述大数据产品化及应用、落地与具体业务，内容更具有实践性，可以为数据产品经理的日常工作提供指导。我联合网易、今日头条的大数据产品经理一起奉献数据产品领域的术与道，希望能够让你全面了解数据产品经理。

2. 本书面向的读者

本书主要面向工作 0~3 年的数据产品经理，你们可能刚刚迈出校园，意气风发地准备在大数据这一行大有所为，希望用数据产品驱动世界改变。本书也面向已经在公司实现了一款以上的数据产品或者项目，正在为公司后续数据产品做更多规划的数据产品经理。你们都可以通过此书获取一定的灵感，即使书中提到的项目你正在做或者已经完成了。阅读本书在某种程度上也是复习和验证，并可以用来进一步完善现有的数据产品功能。我希望此书能够打开你的思路，使你早日成为一个合格、优秀的数据产品经理。

另外，为了让更多刚入门的数据产品经理能够读懂此书，我在书中介绍了一些数据产品经理需要的基础知识。本书也同样适用于想转行做数据产品经理的读者，可以帮助你了解数据产品经理的日常工作和需要的能力，使你能够快速入门。这些内容没有太多认知上的难度，更容易被理解。

3. 我与本书的局限

我是本着给读者分享做数据产品经理这几年的心得和体会才开始写本书的，感谢专栏的粉丝和朋友们的鼓励，让我得以坚持下来。写书就像跑马拉松，我看着每次写下的文字感觉又向终点迈出了一步，特别是在本书接近完成的时候，情不自禁地加快脚步希望本书能与读者尽快见面。

尽管如此，我与本书仍然存在一些局限性：

（1）书中的内容是我在数据产品领域实践经验的总结与分享，并非权威理论，书中如果有疏漏，还请读者见谅。当然，我还要感谢王瑞杰和李岩贡献自己工作以来的一些经验和成果，他们让本书显得更完整。

（2）我只是把自己这些年来的工作经历和经验做一个总结，并且努力地追求专业。无论是阅读本书还是阅读我的专栏，你都可以看到一个真实的数据产品经理。由于涉及业务的保密性，书中提到的一些例子不能够特别具体，甚至图片都是经过替代和处理的，而不是完全引用原始数据或者产品功能，还请各位读者见谅。

（3）工作以来，有幸我加入的公司都很重视数据产品，无论是美团还是摩拜，大数据都有着广泛的应用场景，并且通过数据驱动精细化运营。但是书中有些内容，并不适用于所有公司，例如自建大数据分析平台等，读者可以根据自己公司的实际情况选择适用的部分阅读。

（4）书中的内容主要针对大数据领域，或者说，更多的是针对数据产品经理这个职位，但是有一些通用的方法和思路还是可以适用于更多领域的。

我只是一名普通的作者，本书也只是经验分享，请对我多一些宽容和鼓励，欢迎读者把阅读中发现的问题反馈给我，读者的反馈会让我更好地迭代数据产品领域的知识，然后整理更多的内容分享给大家。

最后，本书只是我整理工作过程中的一些心得体会，不能完全当成一本工具书或者万能宝典，数据产品经理这个职位刚兴起，很多理论和知识还在完善中，你可以把书中提到的一些知识与实践结合起来，并通过实现更多的数据产品项目，提升自己在数据产品经理这个职位上的经验，打开思路。

梁旭鹏

2019 年 1 月

读者服务

微信扫码回复：36034

- 获取博文视点学院 20 元付费内容抵扣券
- 获取免费增值资源
- 加入读者交流群，与本书作者互动
- 获取精选书单推荐

目录

第 1 章 初识数据产品经理 ... 1

1.1 为什么要有数据产品经理 ... 1
- 1.1.1 大数据行业现状 ... 1
- 1.1.2 数据产品经理的前世今生 ... 5

1.2 数据产品经理的日常工作 ... 10
- 1.2.1 一切从业务出发 ... 10
- 1.2.2 离不开的产品原型与需求文档 ... 12
- 1.2.3 与研发工程师做朋友 ... 13
- 1.2.4 多和用户聊聊 ... 15

1.3 数据产品经理的思维方式 ... 16
- 1.3.1 归纳与演绎思维 ... 17
- 1.3.2 数据思维 ... 19
- 1.3.3 用户思维 ... 21
- 1.3.4 产品思维 ... 22
- 1.3.5 工程思维 ... 23
- 1.3.6 其他一些思维方式和方法论 ... 24

第 2 章 数据产品经理基础知识 ... 27

2.1 数据产品经理常用的工具 ... 27
- 2.1.1 玩转 Excel ... 27
- 2.1.2 数据产品经理怎能不会 SQL ... 35
- 2.1.3 掌握一些 R 相关知识 ... 41
- 2.1.4 产品原型工具 ... 43

2.2 产品需求管理 ... 48
- 2.2.1 需求来源与需求判断 ... 48

2.2.2　产品需求池管理 50
　　2.2.3　从需求跟进到需求落地 51

2.3　软实力 55
　　2.3.1　快速成长的能力 55
　　2.3.2　沟通表达的能力 56
　　2.3.3　推动项目的能力 57
　　2.3.4　数据感知的能力 58

第3章　数据分析思维与实践　　63

3.1　数据产品经理和数据分析师的区别 63
　　3.1.1　数据产品经理和数据分析师的岗位职责与岗位要求 63
　　3.1.2　数据产品经理和数据分析师需要具备的素质 64

3.2　数据产品经理常用的分析方法 66
　　3.2.1　常规分析 66
　　3.2.2　统计模型分析 67
　　3.2.3　自建模型分析 70

3.3　应用实例 72
　　3.3.1　商城积分与DAU的关联分析 72
　　3.3.2　基于时间序列预测订单量 75

第4章　数据仓库理论与应用　　77

4.1　了解大数据基础Hadoop 77
　　4.1.1　Hadoop三驾马车 77
　　4.1.2　其他常用工具 81

4.2　大数据平台层级结构 82
　　4.2.1　ODS层 83
　　4.2.2　数据仓库 84
　　4.2.3　数据的应用 87

4.3　数据埋点 88
　　4.3.1　埋点方式 88
　　4.3.2　埋点事件 89
　　4.3.3　数据埋点实例 91

4.4 指标字典 ... 94
4.4.1 指标字典的基本概念 ... 94
4.4.2 指标定义的规范 ... 96

4.5 数据管理系统 ... 98
4.5.1 数据质量的重要性 ... 98
4.5.2 数据管理系统的质量检测 ... 100
4.5.3 数据管理系统的功能 ... 101

第5章 大数据分析平台实践 ... 105

5.1 大数据分析平台的前世今生 ... 105
5.1.1 大数据分析平台构建的背景 ... 105
5.1.2 企业实现大数据分析平台的方式 ... 106

5.2 大数据分析平台应用实战 ... 107
5.2.1 可拓展的报表分析平台 ... 108
5.2.2 自助式分析平台 ... 111
5.2.3 智能化分析平台 ... 126
5.2.4 业务场景分析平台 ... 130

5.3 移动端大数据分析平台 ... 133
5.3.1 如何选择移动端 ... 133
5.3.2 移动端大数据分析平台实战 ... 135

5.4 大数据分析平台走进传统行业 ... 146

第6章 用户行为分析平台实践 ... 149

6.1 用户行为分析平台的前世今生 ... 149
6.1.1 用户行为分析平台的背景 ... 149
6.1.2 用户行为分析平台的应用场景 ... 151

6.2 用户行为分析平台的功能 ... 154
6.2.1 事件分析 ... 154
6.2.2 留存分析 ... 158
6.2.3 转化分析 ... 161
6.2.4 用户分群 ... 165
6.2.5 用户行为细查 ... 167

    6.2.6 用户行为路径分析 169

    6.2.7 其他功能 173

6.3 用户行为分析平台的迭代方向 175

第 7 章 AB 实验平台实践   177

7.1 AB 实验平台的背景 177

    7.1.1 为什么需要 AB 实验平台 177

    7.1.2 AB 实验平台的应用场景 178

7.2 AB 实验平台构建 179

    7.2.1 创建实验的流程 179

    7.2.2 相关概念 181

    7.2.3 实验分流 183

    7.2.4 实验数据统计 186

    7.2.5 实验上线与报警 189

    7.2.6 波动分析工具 190

7.3 AB 实验设计方法 190

7.4 AB 实验平台的应用实例 191

第 8 章 大数据产品在各个领域中的应用   197

8.1 大数据产品在电商领域中的应用 197

    8.1.1 大数据精准营销 197

    8.1.2 购物行为与销量预测 199

8.2 大数据产品在汽车领域中的应用 201

    8.2.1 汽车细分领域的用户画像 201

    8.2.2 为汽车品牌商寻找与品牌匹配的自媒体 207

8.3 大数据产品在游戏领域中的应用 210

    8.3.1 大数据产品在游戏行业中的重要性 210

    8.3.2 游戏行业在不同场景下的数据产品需求 211

    8.3.3 游戏领域的数据产品介绍 213

8.4 大数据产品在内容领域中的应用 220

    8.4.1 内容产品及行业简介 220

8.4.2 传统编辑对内容领域中数据的应用 222
8.4.3 大数据在自媒体领域中的应用 224
8.4.4 自媒体用户画像数据的应用 227
8.4.5 用户消费内容漏斗分析 229
8.4.6 视频类内容数据的应用 230
8.4.7 内容时代我们还能用数据做些什么 231

8.5 大数据产品在交通领域中的应用 231
8.5.1 地图可视化在交通领域中的应用 231
8.5.2 交通大数据助力城市规划 234

后记 240

第 1 章　初识数据产品经理

1.1　为什么要有数据产品经理

1.1.1　大数据行业现状

人人都在说大数据，那么"大数据"这个词是从哪里来的呢？据资料记载，大数据一词最早出现在 1983 年著名未来学家托夫勒在其所著的《第三次浪潮》中，该书提出"如果 IBM 的主机拉开了信息化革命的大幕，那么'大数据'才是第三次浪潮的华彩乐章"。随着计算机和存储的不断发展，直到 2009 年"大数据"才成为信息技术行业中的热门词汇，逐渐被人们所知。

大数据时代的到来，首先，离不开不断发展的计算机存储能力和完美的计算能力。其次，随着移动互联网、物联网的发展和智能手机的普及，每天无时无刻不在产生海量的数据，有了一定的数据量。就这样，海量数据与计算能力相结合，大数据计算技术完美地解决了海量数据的收集、存储、计算、分析的问题，于是，就迎来了我们身处的大数据时代，它让我们充分地认识到了数据的价值与意义。

在网络还没有普及的时候，很多数据都是离线存储在本地的，并不会作为公开数据或者资源存放在互联网上，例如音乐、照片、视频、文件、个人的一些记录等。但是现在，我们几乎每天都会使用互联网或者移动互联网上的网站或者应用，会产生大量的用户数据和行为数据，海量的数据里面蕴含了巨大的商业价值，这也正是大数据的价值所在。

随着移动互联网和智能硬件的发展，我们的数据会以各种各样的方式被存储记录下来，下面是生活中我们经常会接触的一些场景。

（1）手机等设备上的各种应用收集了用户各种各样的行为数据，用户每天产生大量的访问数据，这些数据被某些公司所有，形成大量的用户行为数据。企业利用用户每天操作各种App的数据，可以分析或者优化产品。

（2）随着电子地图以及导航应用（如高德地图、百度地图）的发展，我们的交通出行越来越方便，同时产生了大量的出行数据，它代表的更多的是用户的出行方式和出行行为，这些数据经过分析和结合具体的业务场景将会产生巨大的商业价值。

（3）在进入社交网络的时代后，微信、微博、抖音这些应用就从来不会离开我们的视野，甚至占据了用户大量的时间。掌握这些数据，我们就可以轻易地了解用户的社交属性信息，引导更多的人参与其中，创造越来越多的数据，通过分析这些数据可以了解人们的社交关系网和生活、社交习惯，能够掌握一个人的日常情况。

（4）淘宝、京东、美团等电商的崛起，带来了大量的网上交易数据，包含支付数据、搜索行为、物流运输、购买喜好、点击顺序、评价数据等。通过分析这些数据，我们可以掌握用户的购物习惯和消费情况。

（5）随着百度等搜索引擎和知识问答社区的流行，用户的主动搜索点击行为和提问也汇集了大量的数据。通过这些数据，我们可以了解到用户关心的问题和日常生活中遇到的各种问题。

什么是大数据呢？大数据是如何定义的呢？其实目前并没有一个统一、准确、唯一的定义，不同公司、不同用户、不同产品的角度不同，对大数据的理解也不一样，每个人对大数据的理解也不尽相同。但可以确定的是，我们所指的大数据与过去传统的数据截然不同，其产生方式、存储载体、访问方式、表现形式、来源特点等都与传统数据有很大的差别。很多互联网公司使用的都是其产品和服务的用户群体的行为数据，这些数据是全面的、准确的，并且可以挖掘出巨大的数据价值。随着大数据的发展，大数据展现了4V特性，即体量巨大（Volume）、处理速度快（Velocity）、类型多种多样（Variety）、价值大（Value），如图1-1所示。

由于篇幅有限，对大数据4V特性就不做具体介绍了，读者可以查找相关资料进一步了解。

下面我们了解一下大数据在国内外的发展现状。首先，大数据在国外已经得到各国政府的高度重视，各国政府分别针对大数据制定了各种政策进行支持与保障，促进其发展，大数据已经在企业里得到了广泛的应用和发展。

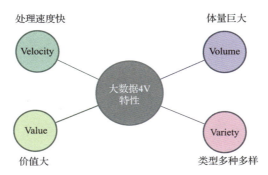

图 1-1 大数据 4V 特性

美国政府为了大力推动大数据的应用与发展，计划把包括健康、能源、气候、教育、金融、公共安全等领域的数据和信息公开，让企业和个人都能够获取这些数据，希望能够从中挖掘更多的价值和应用场景，为经济和企业发展贡献力量。随着美国不断扩大数据的公开范围和受用对象的范围，越来越多的企业和个人能够接触到更大范围的数据，对于数据的共享和企业的创新都有很大的作用。2016年5月，美国政府公布了《联邦大数据研发战略计划》，用来加速发展大数据行业与经济增长，并针对大数据研发方面的规划提出了7条战略计划，加强了获取数据、分析数据、应用数据的技术处理速度。针对近些年的美国总统选举，大数据在预测方面的效果已经引起越来越多的人的关注，大数据的应用也已经在各行各业取得了一定的突破与发展。

英国为了促进大数据的发展，以数据共享为基础，不断提升技术能力，助力大数据平台建设。其中，英国政府投资了1.13亿英镑新建哈璀（Hartree）大数据中心，投资了4200万英镑建立了艾伦图灵研究所，开展大数据科学与技术的研究。为了在战略上对大数据进行指导，英国成立了大数据战略委员会，向社会发布了《开放数据战略白皮书》，向社会开放了获取政府数据的渠道，保证大数据创造更大的价值。

同时，瑞典已经从2017年开始，计划投资2.5亿瑞士法郎，启动为期4年的大数据专项（Big Data, NFP75）作为国家重点的科研计划，该专项主要包括大数据基础技术研究、社会法律问题以及大数据应用等。其中，大数据基础技术研究主要包括大数据存储技术、大数据架构、大数据计算等技术和设施的投入。社会法律问题包括个人数据的安全、社会伦理问题以及法律安全风险等。大数据应用主要包含在各个领域的应用，以及如何挖掘更大的数据价值，以数据驱动社会发展与进步。

与此同时，我国政府也积极地推进大数据的发展，为大数据的发展营造良好的环境。2014 年，大数据被首次写进国家的《政府工作报告》中。

随着大数据的蓬勃发展，数据安全也被提高到了前所未有的高度，但是现在多数企业对数据的管理能力不足，导致数据安全得不到应有的重视。2018 年，Facebook 超过 5000 万条数据被泄露，类似安全事件的发生给国家安全敲响了警钟。目前，我国已经出台了《中华人民共和国网络安全法》，在《中华人民共和国网络安全法》的基础上，明确了数据管理与保护的各种规章制度，提出数据在收集、处理、使用等各个环节的建议及要求。同时，还应该建立针对大数据分类、分级的安全保护机制，结合每个行业自身的数据特点，决定哪一级数据需要脱敏，哪一级数据涉密，哪些数据可以公开，确保对数据资产做好分级、分类，企业要针对数据建立适合自身的安全保护策略。最后，应该为广大网民进行数据安全及个人隐私方面的培训，加强网络安全教育，提升网络安全意识，推动全社会形成重视数据安全的良好氛围。

纵观国内外，大数据已经得到蓬勃发展，形成了一定的产业规模，并上升到国家战略层面，大数据技术和应用也得到了突飞猛进的发展。大数据基础设施、大数据计算架构以及大数据的云计算等技术不断更新迭代，大数据新模式、新业务也取得了实质性发展，传统企业已经开始以大数据为驱动力，助力产业转型升级。人工智能、深度学习、工业物联网、智能硬件、虚拟现实、智慧城市等领域的发展，推动了大数据的应用与普及。新兴行业、传统行业围绕数据服务体系，已经形成了传统行业数据平台、互联网数据平台及物联网数据平台等各个大数据平台，如联想的工业大数据平台。其中，也发展了一批大数据公司，为企业提供数据服务。随着市场规模不断壮大，一些大数据产品为中小企业的发展提供了更多的数据支撑和数据驱动，如神策数据、GrowingIO、BDP 商业数据平台等。

中国大数据产业规模变化趋势如图 1-2 所示，2017 年已经达到 4700 亿元，同比增长 30%。其中，大数据硬件产业发展迅猛，产值已经突破 234 亿元，同比增长 39%。随着大数据在各个行业的融合、应用、不断深化，预计 2020 年中国大数据市场产值将突破 1 万亿元的规模。

中国商业联合会数据分析专业委员会提供的资料显示，在未来 3~5 年，中国大数据的人才需求量为 180 万人，而截止到 2017 年 5 月，统计发现中国大数据从业人员只有 30 万人，人才缺口相当巨大。大数据领域的高端人才更紧缺，目前这些高端人才主要来自海外回国和传统企业跨行业的人才，远远没有满足现在庞大的市场需求。

图 1-2 中国大数据产业规模变化趋势

针对大数据人才供不应求的情况,各大高校陆续开通了大数据相关课程,培训机构也开设了各种培训班,用来培养大数据领域人才。可是,人才的培养需要一定的时间和实际工作经验,短期内还难以解决大数据领域人才短缺的现象。

大数据领域对人才的标准也随着其迅速的发展不断变化,在大数据发展初期,对人才的需求主要集中在 ETL 开发、数据仓库开发、Hadoop 开发以及系统架构开发等技术领域,以计算机、传统 IT 背景的人才为主。目前随着大数据向各个垂直领域的延伸发展、大数据应用领域的不断拓展,大数据领域对统计学、数学专业的人才,从事数据分析、数据挖掘、机器学习、大数据项目管理等领域人才的需求加大。本书要重点介绍的数据产品经理,也在这个过程中逐渐走进人们的视线,成为一个新的产品经理岗位。

1.1.2 数据产品经理的前世今生

要讲清楚数据产品经理,首先要弄清楚数据产品经理负责的内容——数据产品。在这些年的工作中,我理解的数据产品是可以发挥数据价值去辅助用户做更优决策的一种产品形式。它在用户的决策和行动过程中,可以提供更多的分析展现和数据洞察,让数据更直观、高效地驱动业务。可见,数据产品主要消费数据,通过自动化形成稳定的产品形态。显然,数据分析师经常写的报告也可以被理解为以数据为主要产出的产品,但并不具备自动化产出的特性。

从受众用户群体来看,数据产品可以分为三类:

(1)企业内部使用的数据产品。如自建 BI 数据分析平台和推荐系统等,这里之所以提到推荐系统,是因为它与用户画像、搜索排序类似的算法一样,本质上是根据用户数据和相应的数据模型建立的一套评分标签体制，也属于数据产品的范畴。

（2）企业针对公司推出的商业型数据产品。如 Google Analytics、GrowingIO、神策数据和 BDP 商业数据平台等，它们主要以平台行为为其他公司提供商业化服务。

（3）每个用户均可使用的数据产品。如猫眼的实时票房和淘宝指数等，这类产品主要面向普通用户，而且大部分提供免费服务。

在明确了数据产品的概念之后，我们不禁要问：数据产品是如何产生的呢？我们为什么需要数据产品呢？它的价值在哪里？

我觉得管理大师 Peter Drucker 说过的一句话非常好，他说"If you can't measure it, you can't improve it"。意思就是，如果你无法衡量，你就无法增长。在当今移动互联网领域，"增长黑客"这个词特别流行，它的核心理念就是用数据驱动增长。特别是在中国，人口红利逐渐消失殆尽，流量成本越来越高，如何让企业获取快速的用户增长，用数据驱动产品、精细化运营，就潜藏在数据产品中。

在当今的大数据时代，像 Google、Facebook、阿里巴巴、腾讯等各大公司都用数据驱动它们的业务增长。它们领先于其他公司的原因是它们做的任何决策不仅依赖于经验，而且更多的是将重点放到数据上，发现竞争对手不曾发现的市场，找出更多驱动业务发展的方法，从而获得更大的战略优势。有项调查显示，排名在后 60% 的企业，其大部分业务决策（约 70%）是基于直觉或经验的，而基于数据做的决策很少。由此可见，通过数据驱动业务决策多么重要，它会让你的企业更容易获得业务上的发展和成功。

不仅企业做决策需要数据驱动，就是人们在日常的商业活动中，也每时每刻都有数据驱动的身影。人们在日常的商业活动中，做任何决策都需要明确目标。我们在做一件事之前，都要首先明确为什么要做这件事，以及要达到什么样的目标，应该采取怎样的行动，而且所有的决策都要有一个参考。例如，我最近想买一辆车，那么我会把问题分解，我要买什么样的车？通过什么渠道买？价格是多少？有些人会选择去问之前买过车的朋友，让他们给一些意见，也有些人去网上搜集各种车型，把各种车型的优缺点一一列举出来，然后进行科学的对比，选出适合自己的车型。在现在的社会里，拍脑袋做决定变得越来越难，做明智的决定更依赖于各种类型数据的支撑，特别是即时准确的数据。随着数学、统计学、计算机科学的普及，数据在决策优化过程中的价值越来越大，在大数据时代尤其如此，我们应该让数据驱动我们的决策，而不是拍脑袋。

在依赖数据做决策的过程中，我们获取数据的形式不外乎数据本身、数据服务和数据产品三种形式，而不经过加工的数据信息又很难产生知识，数据产品就显得至关重要。例如，小明想要约女生周末去看电影，可是不知道周末有什么电影上映，也不知道哪些电影的评价分数高。这时候，他可以直接看周末电影院的排片情况，在网上查一下评价，这就是数据本身在发挥价值，他也可以咨询女朋友或者同事，根据他们的建议和观看经历决定周末看什么电影，这相当于由别人提供了数据服务。当然，他还可以打开猫眼电影，通过如图 1-3 所示的实时票房页面，查看实时票房，发现《悲伤逆流成河》的实时票房最高，然后综合数据产品提供的上座和评价情况，决定是否去看这部电影，这种方式便是使用数据产品。数据产品把数据、数据模型以及分析决策逻辑尽可能多的形成一个产品形态，以更直观智能的方式，发挥数据的价值，辅助用户更快地做出更合理的决策。

图 1-3 猫眼电影实时票房排名

有人说产品经理是 21 世纪最伟大的"勤杂工"，难道数据产品经理是最伟大的"搬运工"？说到产品经理，互联网从业人员大多都知道他是做什么的，但是在数据产品经理刚出现的那几年，谈到数据产品经理，别说非数据团队，就连我们的数据团队（分析师、算法工程师、研发工程师）也很好奇，数据产品经理听上去这么神秘，到底是做什么的呢？

数据产品经理是一个近些年来伴随着大数据的发展而出现的一个新兴的职

业。那么，到底什么是数据产品经理呢？他到底做什么呢？我们先看一下数据产品经理在日常工作中的一段对话。

2015年10月10日，在某公司的数据部门工位上，作为刚入职公司的第一位数据产品经理，小王向公司的其他同事做了一个简单的自我介绍。

数据分析师小张：Hello！小王，你好，我是数据分析师小张，听说你是新来的数据产品经理，那你主要负责啥啊？要和我一起做分析吗？

数据产品经理小王：数据产品经理是做……

数据分析师小张：哦，那就是做数据仓库和大数据架构的吗？听上去好高大上啊，好好做，做好了我们数据分析师就轻松了。

数据产品经理小王：额，我还没有说完呢……

架构师小赵：小王，听说你是数据产品经理，是做那种报表的数据产品，是吧？那个我也会，现在不做了……

数据产品经理小王：额，数据产品不只是报表……

算法工程师小李：Hello！小王，刚才我们开会的那个会议纪要你写写呗，你不是专门整理会议纪要，然后写产品需求文档什么的吗？

数据产品经理小王：呃……你咋比我还清楚产品经理是干啥的呢？

数据产品经理会更细、更深入地挖掘用户对数据的潜在需求，分析对业务的贡献价值，服务于公司内的业务团队，甚至第三方公司，辅助他们更好地运营，但是没有脱离产品的本质，核心问题都是解决目前痛点问题和引导用户的未来需求。与上面的对话一样，很多人对数据产品最直观的印象只是停留在数据报表，比如阿里指数和谷歌分析等，其实这是很基础的数据需求。真正的数据产品是建立在大数据场景下通过数据挖掘并且体现数据价值后的产品化，最后再融合进业务产品流程中做辅助业务和驱动业务发展。除了通过数据发现问题之外，运营人员和老板更关心的是解决痛点问题，这才是大数据价值的体现，而不仅仅是整合数据、数据展现，更多的是发挥数据价值，真正指导产品运营和业务发展。

一个好的数据产品需要将用户的核心需求作为该产品的核心，并且充分发挥大数据的价值，然而，这句话对于每一个数据产品经理来说是不容易做到的。

第一，很多使用该产品的用户是内部用户，因为自身的一些客观原因，他们对数据存储、指标定义以及数据处理的了解和认识有所不同，所以会有不同方面的需求，这些需求中有很多都是很零散的，很难把握和总结归纳，需要按照统一流程处理。每一个数据产品经理都需要具有提炼数据需求、找出问题本质、推动解决问题的专业能力。

第二，对于一些企业的内部数据产品的用户来说，他们既是用户，同时又扮演着同事、老板、朋友等角色，他们本身就拥有一定的能力对产品经理的决策权进行一定的干预，而且经常说自己的需求很重要，这就需要数据产品经理平衡这些矛盾，审视这些优先级。

我在面试数据产品经理的时候，发现有很多其他职位的人来面试，如其他产品经理、数据分析师等，还有想从事数据产品经理的各个专业的人，如物理学、化学等专业的人。其实，只要具备业务能力、产品能力和数据能力，能满足数据产品经理基本的要求，有成长潜力，什么专业的人都是可以考虑的。

对于业务能力来说，因为每个公司的业务都不一样，所以能够掌握一些业务常用的思路和处理能力、能够在业务中发现痛点，并通过数据产品解决或者辅助解决问题的数据产品经理就是合格的。

数据能力是用数据和事实说话的能力，而不是拍脑袋决定的。例如，有些面试者爱说我觉得怎样，但是简历里面写的项目没有任何数据支撑，更别说数据埋点、数据仓库、基础的数据处理这些方面的经验和能力了。

说到产品能力，数据产品经理要能够把需求产品化，完成基本的需求文档和评审，并推动产品从需求到落地。如果数据产品经理有一定的产品运营经验会更好，就可以收集用户需求不断迭代产品，同时，也要具有一定的沟通、协调资源和进度把控能力。

数据产品经理在日常的工作中，要与公司的很多同事合作。例如，经常要面对业务方同事、研发工程师等，图 1-4 所示为数据产品经理和他的朋友们。

其中，距离表示各个职位和数据产品经理的远近，箭头的粗细代表日常与数据产品经理沟通的数量，箭头的指向代表由哪一方主动发起沟通。当然，个别公司还会设置交互设计师、数据挖掘工程师等职位，他们也经常和数据产品经理打交道，图 1-4 只是表示了一些公司通用的职位。

数据产品经理的本质是互联网产品经理的一个细分领域，其产品的用户可以是公司内部同事，也可以是外部用户或者付费用户，其工作目标是通过数据分析和挖掘，辅助其发现问题，提高决策准确性。为了完成数据产品，数据产品经理不仅要与传统的研发工程师、交互设计师、UI 设计师、用户研究人员、产品用户、测试工程师打交道，还需要与数据分析师、数据科学家、算法工程师、数据仓库工程师等沟通。为了保证沟通中的效率，数据产品经理需要清楚沟通时可能会涉及需求收集、产品实现方式、需求管理、数据产品推动、数据产品实现、数据产品落地与运营等，这些将在后续章节中逐步讲解。

数据产品经理修炼手册
——从零基础到大数据产品实践

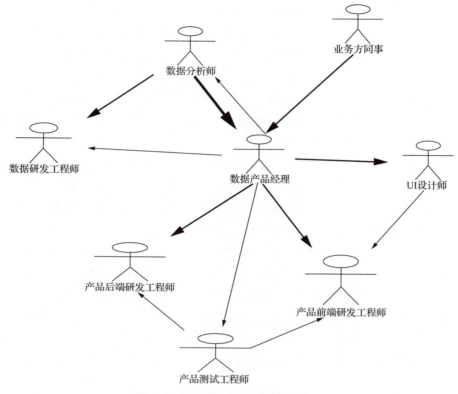

图 1-4 数据产品经理和他的朋友们

1.2 数据产品经理的日常工作

1.2.1 一切从业务出发

大概在 10 年前,产品经理这个职位就已经出现了,随着互联网的不断发展,产品经理越来越热,更是喊出了"人人都是产品经理"的口号,已经成为各个互联网公司的标配。随着 2007 年乔布斯发布第一款 iPhone,以及 iPhone 的大卖,很多互联网公司的 CEO 开始号称自己是公司的第一产品经理。然而,数据产品经理却是近几年随着大数据的爆发才出现的,很多公司越发意识到数据的重要性。于是,数据产品经理应运而生。产品经理随着行业发展逐渐被细分,数据产品经理成为产品经理的一个分支。

小王作为一名互联网公司的数据产品经理，为我们展现了数据产品经理的日常工作：

早上 9:15 到公司，打开 Tower（任务管理工具，有些公司也会用 JIRA 等），查看自己本周的需求计划，昨天研发工程师更新了哪些任务，哪些任务已经完成需要关闭，有没有延迟的任务，会不会影响项目进度，今天应该重点完成哪些需求任务，并把今天要重点完成的需求做优先级排序。

10:00，召集各部门用户，组织召开需求收集会，收集各个用户对数据产品的需求，整理汇总，准备进行下一版本迭代。

11:00，完成会议用户访谈，整理需求列表和会议纪要，明确会议结论和接下来要做的事情，整理邮件发送给大家。

11:30，与老板一起讨论需求情况，并评估需求优先级。

12:00，讨论完需求后发现已经到吃饭的时间了，已经饿得肚子咕咕叫了，于是匆匆去吃午饭。

13:30，根据需求优先级，整理下一版本的需求文档，明确产品功能和需求细节，以便尽快定稿。

14:00，做原型设计，设计功能页面及交互情况，以便数据产品研发工程师更容易理解需求。

14:30，跟进另一个产品项目，协调测试和 UI 资源，促使研发工程师高质量完成相关功能，确保项目能够按照预期顺利交付。

15:00，被老板叫过去，老板指出上线的产品需要修改的地方，并希望能尽快给出迭代方案和原型图。

15:30，预订会议室，组织大数据分析平台产品 PRD 需求评审会，与各个研发工程师、测试工程师、设计师讨论需求，明确需求需要修改的地方，会后完善需求。

16:30，写会议纪要，落实会后要做的事项，然后确认后发送给大家。

17:00，看数据产品的用户使用数据情况，分析各个功能的用户转化和留存情况，汇总迭代方向。

18:00，去吃晚饭，边吃晚饭边思考项目遇到的问题。

19:00，吃完饭回到公司，想起老板交代的需求还没完成，于是整理老板要求的方案，检查没有问题之后发给老板，老板很快对方案给予了一些建议和答复。

20:00，打开印象笔记，整理汇总一天的工作日报，找出影响项目进度的问题，寻求解决办法，然后收拾东西，打卡下班。

就这样，小王结束了数据产品经理的一天。当然，有时候会因为项目上线等原因下班更晚，用很多产品经理同行经常说的话来总结这一天，是忙得"飞"起来的一天，然而，又是充实的一天，特别是在晚上复盘整理问题的时候，感觉每一天的收获都很大。

1.2.2 离不开的产品原型与需求文档

产品经理的日常工作离不开产品原型与需求文档，光靠一张嘴就能够跟研发工程师讲清楚实在是不现实的，而产品需求基本上首先都由资深产品经理或者老板确定大方向和要做的功能，然后由数据产品经理新人落地产品原型和需求文档。以下是数据产品经理新人小王的需求文档与产品原型的日常工作。

老板：小王，为了配合业务实现×××，我们要做一个×××功能，你梳理一下，把这个功能再细化和落地吧。

小王：好的，这个功能是不是要具备A、B、C这些功能啊？

老板：是的，最好还要有一个D功能，这样用户就可以更方便地使用产品了。

小王：好的，我先梳理一个需求文档（PRD）出来。

老板：写文档时别忘了5W2H的应用哦。

小王：必须的。

5W2H会在1.3节"数据产品经理的思维方式"中介绍，对于定义问题非常有帮助，也有助于弥补考虑问题的疏漏。需求文档主要是围绕5W2H写的，只要明确了这些问题，就是一个不错的需求文档。

小王：老板，需求文档我写完了，用邮件发给你了，请你看一下。

老板：好的，A这个功能有些不太合理，我们的业务场景是×××，所以最好能够……这样来做。

小王：我当时这样写的目的是……我觉得……嗯，有些功能我确实考虑得不够全面，我再完善一下。

老板：好的，完善一下后我们进行需求评审。

于是，小王就约研发工程师一起进行需求评审。在会议上，小王开始眉飞色舞地给研发工程师讲需求背景、需求意见、功能，研发工程师开始在技术上对小王设计的功能进行一一点评。

研发工程师甲：A这个功能在前端实现的成本太高了，当前选型的控件不支持，如果要做就要改源码，恐怕赶不上上线时间啊！

研发工程师乙：B这个功能是可以实现的，可是性能不能保证，查询这么大的数据量，接口的访问速度必然会受到影响。

研发工程师七嘴八舌地说了一堆，把小王弄糊涂了，对于一个没有技术背景的产品新人来说，理解技术细节确实有难度，还好小王的老板在会上对研发人员提出的问题一一解决，能换方案的换方案，务必保证的需求让研发人员做详细的技术调研，总算把这个需求评审通过了。

会议开完后，老板对小王说："写一个会议纪要吧，没有结论和行动事项的会议都是浪费大家时间的。"

于是，小王就对会议进行总结，明确了哪些功能要做，哪些功能需要修改方案，哪些技术细节需要再进一步调研，接下来每个人应该做什么，下次会议应该交付什么结果。

小王刚把会议纪要发出去，老板就走过来对小王说："根据需求文档画一下产品原型吧。"

小王：产品原型？这怎么做？

老板：Axure和墨刀都可以做需求文档，要以页面的形式让研发工程师知道系统的功能和如何操作交互，更易于研发工程师开发系统，减少沟通成本和降低理解误差。来，我给你演示一下应该怎样画。

小王看完老板演示后，不由自主地说："哇，原来还有这种东西，做出来的简直就和系统的原型差不多嘛，我好好研究研究。"

老板：做数据产品经理，除了要懂一些数据分析的知识之外，需求文档和产品原型也是离不了的，这两个方面也是数据产品经理经常要面对的。

小王赞同地点了点头，回到工位继续自己的原型设计工作。

1.2.3 与研发工程师做朋友

数据产品经理大约有50%左右的时间都在和研发工程师打交道，无论是前端研发工程师、后端研发工程师，还是数据仓库研发工程师，需要组织一切可以组织的研发力量，让项目尽快交付满意的产品。当在开发过程中遇到方案里一些细节不明确的地方时，数据产品经理要主动与研发工程师一起解决这些问题。

前端研发工程师小张：这个数据下钻功能圈选数据以后应该怎么操作呢？下钻的维度应该从哪里来啊？

数据产品经理小王：下钻的维度应该以在创建数据源时选择的那些指标作为维度，直接读取配置表中的这些维度应该就行。

小张：我们再找后端研发工程师对一下吧，看他以什么方式返回给我比较合适。

小王：好的。

于是，小王又跑到后端研发工程师小李那里，向他讲明了情况，三个人找了一个小会议室，在小黑板上开始画了起来。

小王：如果要实现数据下钻的功能，那么现在需要从小李那儿返回维度给前端，数据源配置的时候保存了维度选项，应该返回这些维度的数据比较合适。

小李：我看了一下，确实有这些字段标识，用户在前端触发选择维度的时候我来返回这些维度的数据吧。

小张：嗯，我拿到你传给我的值之后会在前端进行展现，让用户选择。可是用户可以无限下钻吗？一个维度被选择之后还会再次出现吗？

小王：一个维度应该只会被选择一次，对于同样的数据，你选择以这个维度来看它，那么相当于你已经对这个数据做过一次操作了，以后也就不需要再选择这个维度了，太多的选项反而容易让用户比较迷惑。

小张：那就是做减法是吧？后端是不是需要再记录一下？

小李：嗯，对于已经选择下钻的维度我这边会做一个标记，给你的接口都是没有选择的维度数据。

小张：好的，就这么愉快地决定了。

小王和前后端研发同事把事情梳理清楚后，刚坐到工位上，这时候，数据仓库研发工程师小孙又跑过来找小王。

小孙：小王，数仓项目的工作流依赖检测好像有些问题，在这种情况下，我捕获不到系统的这个状态。所以这个功能实现起来有点问题。

小王：这个功能在数仓工作流这个系统中很重要，如果获取不到，我们就很难实现这个工作流，有没有其他方式能拿到呢？

小孙：以当前的方式确实拿不到，我回去再查一下看看有没有其他方式吧。

小王：好的，这个功能确实很重要，如果实现不了，那么项目只能延误，这个功能没有替代方案？

小孙：好吧，我再调研看看。

大约过了两个小时，小孙跑过来对小王说，我查资料找到了一个可实现的方案，但是可能要多花一天的时间。

小王：那我们一起找老板，让他评估一下吧。

于是，小王和小孙又来到了老板这里，把情况都说了一下，让老板做决定。

老板：小王的判断是正确的，这个功能是核心点，小孙可以尝试用后一种方式实现，多花费一天的时间来实现也在工程可接受的时间范围内，你就尽快实现这个功能吧，小王一会儿发邮件告知大家项目风险和延误原因。

小王：好的，我回去就整理邮件。

小王一天的时间就这样在和研发工程师的讨论中度过了。

1.2.4 多和用户聊聊

在数据产品上线以后，数据产品的目标用户主要是公司里各个部门的同事。数据产品有给数据分析师用的，有给各个业务线的同事用的，所以，要听一听用户的声音，基于用户需求规划下一个版本的迭代路径。

数据分析师小张：我能吐槽一下×××这个功能吗？这个功能简直太难用了，操作起来极不方便，刷新之后还不能保存之前的配置，这样导致我每次都要重新配置。

小王：嗯，这个功能确实操作不太方便，我把它列入后期的优化列表中吧，我再重新设计一下，然后让大家一起再评估。

数据分析师小张：好的，辛苦了。

于是，小王又针对用户的吐槽重新设计了这个功能的交互及方案，并拿给技术团队评估，技术团队觉得可以实现，最后组织了数据分析师一起评估，大家都觉得这个优化可以提高数据分析的效率，于是小王把这个优化加进了产品排期中。

数据分析师小钱：我在使用×××这个功能的时候遇到了Bug（漏洞或者缺陷），点击保存按钮没有反应，能帮我看一下吗？

小王：好的，我看一下。你能描述一下你具体是怎么操作的吗？

数据分析师小钱：首先，把A、B、C、D这些指标拖到指标栏，然后把维度选择时间，把筛选条件选择城市和平台，把指标A设置成趋势线，把指标B设置成按照色阶显示，然后……

小王：好的，我试一下。

可是，在小王试了很多次以后，依然不能复现问题，于是……

小王：小钱，我还是不能复现你的问题啊，要不我找你当面看一下吧。

小钱：好的，我问其他同事好像也没有这个问题，你过来看一下吧。

于是，小王找到了小钱，当面确认了问题，他那里确实有问题，但是用自己的电脑这么操作就没有问题。于是，小王不得不找前端研发工程师小赵和后端研发工程师小李帮忙。

小王：小赵，小钱在使用×××这个功能时遇到了问题，他的操作是×××，可是我按照他的操作在我的电脑上是好的，你能看一下吗？

小赵：好的，我先在我的电脑上看一下是否能复现，稍等……我这里能正常使用。

小李：我这里功能也可以正常使用，我们过去找你们一起现场看一下吧。

小钱周围围了研发工程师、产品经理等四五个同事一起查找问题，最后发现是因为浏览器版本太低，对一个控件的功能不支持，导致报错，在小钱更新了浏览器版本之后顺利解决了这个问题。

产品运营主管小丁：我在使用用户行为路径这个功能的时候发现选择×××这些条件后结果好像和业务这边的常识有些冲突，A路径的点击量应该没有B路径的点击量高，能帮我看一下吗？

小王：这个A路径就是在App上先点击××，再点击××，然后再点击××吗？

小丁：是的，你可以在App上看一下，B路径的入口还是很明显的，A路径会稍微隐蔽一些。

小王：嗯，确实是，好的，我们确认一下数据的准确性。

于是，小王又找到了研发工程师，从数据仓库到底层日志，最后到埋点，一层层开始查，终于找到了问题，是因为前端研发工程师在埋点的时候忘记埋了一个点，导致B路径的数据量不够，从而出现了上面的问题。

小王：问题找到了，是因为前端埋点漏掉了一个，已经让负责埋点的同事加上了，明天应该就能看到数据了。

小丁：好的，多谢哈，数据的准确性还是很重要的。

小王：中午一起吃饭吧，我还想了解了解你们业务上×××这方面的事情。

于是，小王和业务同事经常"混"在一起，了解业务同事正在做的事，以及如何从数据角度帮助他们，同时向业务同事分享了自己对数据方面的认识，以及从数据角度看业务还可以实现的改进和尝试方案。

1.3 数据产品经理的思维方式

曾经有人说，产品经理就是发现问题，并制定一套解决方案，组织一些人一起去解决问题，然后再持续不断地对解决方案进行优化和改进。在这个过程中，产品经理们做了一个又一个项目，迭代了一个又一个产品，积累了很多经验，在复盘和总结项目的时候，通常会发现有些方法是通用的，对于数据产品经理的日常工作，技能是我们的安家立命之本，但是在技能之上，更重要的是思维方式，它决定了我们做事情的方法、思路。对于一名数据产品经理来说，哪些方法论和思维方式是我们经常会用到的呢？

1.3.1 归纳与演绎思维

归纳法与演绎法是在写作过程中逻辑思维的两种方式。人类认识活动,总是先接触到个别事物,而后推及一般,又从一般推及个别,如此循环往复,使认识不断深化。归纳就是从个别到一般,演绎则是从一般到个别。

1. 归纳法

归纳法是产品经理思考和总结的有效方法,是经典物理研究及其理论建构中的一种重要方法。归纳法透过现象抓本质,将一定的物理事实(现象、过程)归入某个范畴,并找到支配的规律性。就像我们在做竞品分析的时候,通过审慎地考察各种竞品,并运用比较、分析、综合、抽象、概括以及探究因果关系等一系列逻辑方法,推出一般性猜想,然后再运用演绎对其修正和补充,直至最后得出结论。总而言之,归纳就是从已知信息推理出一个结论。

要注意的是,归纳要从已知信息的共同属性推导出结论,如图1-5所示,通过已知信息可以归纳出结论。

归纳法的例子如下。

条件:我养的一只叫"一条"的猫喜欢吃鱼。邻居家养的一只叫"二饼"的猫喜欢吃鱼,叫"三万"的猫喜欢吃鱼,叫"红中"的猫也喜欢吃鱼……

结论:猫喜欢吃鱼。

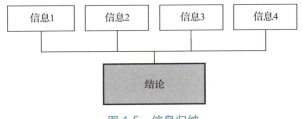

图1-5 信息归纳

如何检验结论是否正确呢?可以通过结论倒推,看一看是否能够解释清楚,推导后的信息是否准确。在使用归纳法达成结论的时候,同时需要注意,千万不要在信息不全面的情况下犯以偏概全的错误。例如,人们熟知的黑天鹅的典故,讲的就是以偏概全的问题。生物学家在亚洲、欧洲、美洲发现的天鹅都是白色的,于是得出结论:天鹅就是白色的。后来,人们在澳大利亚发现了黑天鹅,一个与白天鹅颜色完全不同的个体。这就是犯了以偏概全的错误。如果想要避免以偏概全,就需要对得出的结论进一步用事实验证,从多个角度证实或证伪。因此,只有掌握全面的材料和事实,才能归纳出结论。不要只通过少量的事实就妄下结论,这样对业务发展影响很大,可能误导方向。

2. 演绎法

演绎就是发散,类似于我们在画思维导图的时候,从一点出发,发散出很多相互独立、不相关的点,再一步步发散出去,不断穷举出想到的点。演绎法从一般到个别,即以一般的原理为前提论证个别事物,从而推导出一个新的结论。演绎法的例子如下。

条件:猫喜欢吃鱼,我家养的"一条"是一只猫。
结论:"一条"这只猫喜欢吃鱼。

其实,演绎法再发散一些就是不断联想,由一点出发,不断联想出相关的事物,例如现在去医院看病挂号特别难,特别是专家号。如果我要做一个挂号的App,那么做了就会有很多人用吗?很多人用了会带来什么问题?……这也是打开产品经理思路的一种方式。

演绎的方式:大前提—小前提—结论。
大前提:一个客观事实。
小前提:属于上面那个事实的子范畴,子范畴就是其中的一个点,包含在事实的基础上。
结论:根据相关性得出结论。

在数据产品经理的现实工作中,归纳和演绎的应用是十分广泛的。一个业务是由很多部分归纳组成的,会受到很多具体化的指标影响,所以在定义一个问题时,我们可以对问题进行归纳。例如,每个电商平台都会关注交易额(GMV),而GMV又是受用户流量、转化率和客单价三部分影响的。其中,用户流量受推广来源流量、新用户流量、老用户流量等指标影响,跳出率和购物车流失率等指标会关系到转化率情况,客单价又不是一成不变的,很多时候新老用户的客单价都不相同,因此可以用图1-6进行逻辑划分。这样,当交易额出现异常情况时,我们便可以通过图1-6分析影响交易额的指标,一步步定位是什么原因引起的问题。

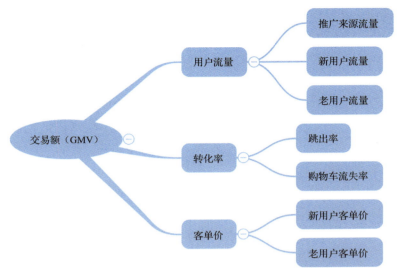

图 1-6　交易额的逻辑分层

1.3.2　数据思维

我们先看一下数据、信息和知识这三个概念。

数据就是数值,是一种客观存在,是通过观察、实验和计算得出的结果,并随着社会的发展而不断扩大和变化。特别是在现在的移动互联网时代,数据不再是仅仅限于字面上的数字,图片和视频都是数据,我们开车或者骑行中的轨迹也是数据,甚至身体的健康状态信息等也都属于数据的范畴。

信息是对这个世界中人或者事的描述,泛指人类社会传播的一切内容,它比数据更加抽象。1948 年,数学家香农在题为《通信的数学理论》的论文中指出:"信息是用来消除随机不定性的东西"。信息是被组织起来的数据,是为了特定的目的,对数据进行有关联的组织和处理,赋予数据以具体意义,从而可以用来回答 5W2H 中的 Who(谁)、What(什么)、Where(哪里)、When(什么时候)的问题。以 2018 年 10 月 23 日通车的港珠澳大桥为例,它是建立在中国境内,连接香港、珠海和澳门的大桥,桥隧全长为 55 千米,其中主桥为 29.6 千米、香港口岸至珠澳口岸为 41.6 千米,这便是由数据表述的有关港珠澳大桥的信息。

知识是通过数据和信息处理以后,被验证过的,而且是绝对正确的。可见,知识是数据和信息之上的,更加高级和抽象的概念,是基于信息之间的联系,总结出来的规律和方法论。知识具有系统性、规律性和可预测性,主要用于回答

Why（为什么）和 How（怎么做）的问题，而得到的知识能够使我们更加清晰地了解世界和生活，还能够不断改变我们周围的世界。这一切所有的基础就是数据。例如，北京夏季高温多雨，8月温度为 20~36℃，平均降水天数为 12 天，这是根据多年资料总结出来的北京气候的规律，这个知识有三个作用：①回答问题。这个知识解释了今年 8 月北京为什么下了那么多雨。②预测。明年 8 月，北京很可能温度还为 20~36℃，平均降水天数还为 12 天。③总结经验。在 8 月来北京旅游穿短袖衣服即可，体弱者要带长袖衣服，最好带伞。

图 1-7 解释了数据、信息和知识的层次关系和重要性，我们做任何决策的知识都是要建立在信息的基础上的，仅仅凭直觉和意识做的一些决策，如果没有数据支撑，那么是没有办法经过积累沉淀下来形成知识的，有些企业只是收集数据，却不知道怎么用、应该用在哪里。数据如果静静地放在那里是没有任何价值的，有效的数据驱动可以将企业里的数据充分地转化成信息，并且形成结构化的知识体系，高效地指导企业各个业务快速发展。

图 1-7 数据、信息和知识的层次关系和重要性

另外，当对要解决的问题不能寻找到一个简单、准确的解决方法时，我们可以通过历史数据，寻找合适的算法，构建出模拟真实数据的模型，从而预测真实场景下的数据，寻求进一步的解决方案，这就是数据驱动方法的意义所在。虽然这些模型都会有一定的误差，但是在合理误差范围内的结果都可以进一步指导企业做出决策和对业务进行指导。随着大数据时代的发展和硬件计算资源的进步，我们通过数据生成知识的速度会越来越快、效率会越来越高，在这个高速发展的时代，数据驱动会越来越高效地帮助企业发展，达到用数据汇集信息、通过信息挖掘知识、用数据驱动业务的目的。

1.3.3 用户思维

用户思维是指站在用户的角度考虑问题，从用户的问题出发。这里的用户，可以是使用产品的用户、公司的客户，也可以是合作部门提需求的同事，还可以是自己的老板。马化腾说过，产品经理最重要的能力是把自己变傻瓜。周鸿祎也提出，一个好的产品经理必须是白痴和傻瓜状态。

产品经理要能够随时切换自己的思维方式，能够随时从"专业模式"切换到"傻瓜模式"，这就是用户思维的体现。产品经理要能够忘掉自己的行业背景和知识积累，以及产品逻辑和实现原理，变成对这个产品一无所知的"小白"。

用户思维一般只关注用户的需求和想要的结果，以用户需求为导向，不会太关注执行和实施的过程。例如，我想给某人打电话，那么我拿出手机，便可以联系到这个人进行直接对话，至于手机信号怎么样、基站是怎么建设的、如何精准地和这个人对话而不会错误地联系到其他人，我都是不考虑的，因为一旦考虑这些细节，我就会深陷这些泥潭里而不能自拔。

以大数据分析平台为例，用户的思维如下。

昨天上线了一个活动，我打开大数据分析平台，就想看活动的数据情况。

在这个思维模型里，用户的预期是直接获取上线后活动数据的情况，让他快速了解活动的效果，尽快做出决策。所以在这个过程中，我们所做的任何工作都是从用户的这个核心需求出发的，并且实现这个核心需求的目的路径越短越好，用户的整个思维体现可以用图1-8表示。

图1-8 大数据分析平台的用户思维体现

如何掌握并熟练应用用户思维呢？首先，要在心里时刻想着用户，牢记用户的需求，以"小白"心态理解用户的需求，并在整个产品设计、推广过程中，复盘自己是否体现了用户思维，有没有以用户为导向。然后，融入用户真正的使用场景中，只有这样，你才会作为一个真正的用户体验产品和服务，当遇到一些痛点时，才会意识到产品需要改进的地方，才能真正体会用户思维。最后，要多和用户打交道，定期进行用户需求调研访谈，这样才能准确地把握用户思维，真正做到以用户思维为导向。

1.3.4 产品思维

用户思维只关注产品功能，会把需求简单化，而工程师的工程思维会关注工程实现，就会想到具体的实现细节问题，所以如果让用户思维的人和工程思维的人直接沟通，经常会看到吵得不可开交的场面，最后争得面红耳赤，仍然不能解决问题。这种情况导致的最终结果要么是无休止的无效沟通，项目很难实施，要么是交付的产品很难用，不能满足用户的需求。这时候就需要具有产品思维的人，也就是产品经理，在需求上进行把控，在表现层尽量向用户思维靠拢，又要尽可能地考虑工程实现，把需求具体化成严谨的逻辑表达出来。这样，就弥补了用户思维和工程思维之间的鸿沟，在用户思维和工程思维之间构建了一个桥梁，保证了产品的顺利实现。

业务方用户作为产品的需求方和最后的使用者，不会参与到产品的具体实现过程中，而负责产品实现的，是程序研发工程师、UI 设计师、交互设计师、测试工程师和产品经理等。产品经理在整个过程中，作为需求方的代言人，代表的是用户的利益，所以要具有一定的产品思维，能够把用户思维转化为产品原型或者项目方案，让具有工程思维的研发工程师更容易理解和接受。只有真正具有产品思维，做出来的产品才能更方便用户使用，才会在产品设计中以用户思维为导向。例如，在大数据分析平台中，用户对数据的需求基本上就是能够很快地找到自己关心的业务报表，直观地获取数据信息，并根据数据指导业务决策，产品思维在设计报表功能中的体现如图 1-9 所示。

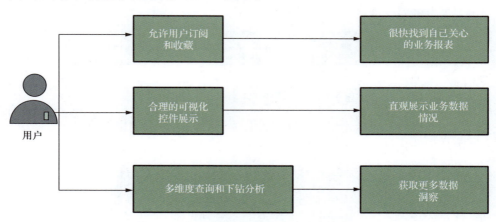

图 1-9　产品思维在设计报表功能中的体现

需要注意的是，这里的用户不仅是业务用户，还要考虑老板的意见、运营的想法、数据分析师的需求和自己对产品的规划。产品要经过交互设计师、UI 设计师在交互和页面上优化，并通过工程师的程序实现，最后交付用户使用，并根据用户反馈继续迭代。

用户思维代表的是用户的心理模型，产品思维代表的是假设的用户模型，工程思维代表的是真实的实现模型，这三种思维方式对产品经理都很重要，而且产品经理要善于转换思维。在我们擅长的领域，我们的思维往往是产品思维和工程思维，当转换到不懂的领域时，看待这个领域事情的思维就变成了用户思维，要时刻保持一个空杯心态。

1.3.5　工程思维

工程思维主要关注的是项目实现的过程，包括项目的方案、项目排期、项目进度跟进、项目执行等，是一种更加关注细节逻辑、更加严谨的思维方式。比如，要开发一个大数据分析平台，如果单纯用用户思维看，那么很可能只关注表面的功能，其实这只是项目中很小的一部分，还要关注系统架构选型、后端功能实现、系统的适配性、服务的稳定性、查询速度等一系列问题，它还原了产品具体实现的本质。

以大数据分析平台报表展现功能为例，如果数据产品经理只有用户思维，那么只会关心报表展现哪些单图内容、都有哪些筛选条件。可是，如果数据产品经理用工程思维看，就要考虑这个功能具体是如何实现的，要能够知道大概的步骤和方式，就会考虑如下步骤实现：

（1）根据页面 ID 获取 Dashboard 配置；
（2）根据 Dashboard 页面配置渲染页面；
（3）根据图表 ID 获取图表配置项；
（4）创建报表中的自定义图表，并进行渲染展现。

用流程图展现如图 1-10 所示，数据产品经理如果有很好的工程思维，那么会更容易与研发工程师沟通，并确保项目在合理、可控的基础上顺利进行。

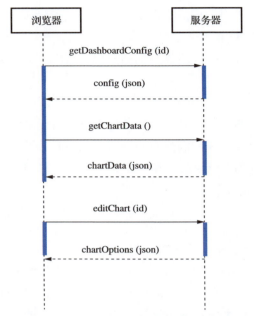

图 1-10 大数据分析平台报表展现的工程思维体现

1.3.6 其他一些思维方式和方法论

当然,还有一些思维方式和方法论也是每一个产品经理在工作中经常用到的。例如,产品经理要经常写 PRD,那么 PRD 要以怎样的思路来写,这里就要用到 5W2H 分析法。

在实际应用过程中,5W2H 分析法非常简单、方便,易于理解、使用,并且富有启发意义,对于决策和执行性的活动措施也非常有帮助,也有助于弥补考虑问题的疏漏。

5W 是 Who、When、Where、What、Why,2H 是 How、How Much,如果大家觉得这么多英文比较难记,下面的例子可能更便于理解:因为之前的手机摔坏了(Why),小王(Who)于 2018 年 11 月 11 日(When)在天猫商城(Where)通过秒杀活动(How)花费了 9000 元(How Much)购买了一台 iPhone XS(What)。我每次在写需求文档之前都会在心中默念一遍 5W2H,等想清楚了再开始写。有了 5W2H 分析方法的帮助,我们在写 PRD 和思考问题的时候,就不用怕遗漏而被程序员追问了,因为他们问到的我们都提前想到了。

接下来，介绍产品经理的目标管理工具——SMART（S=Specific、M=Measurable、A=Attainable、R=Relevant、T=Time-bound）原则。它是使产品经理的工作由被动变为主动的一个很好的管理手段。具体的含义如下：指标必须是具体的（Specific）；指标必须是可以衡量的（Measurable）；指标必须是可以达到的（Attainable）；指标是实实在在的，可以证明和观察的，并和其他指标有一定的相关性（Relevant）；指标必须具有明确的截止期限（Time-bound）。

有了SMART原则，我们在复盘总结的时候，就有一个可参考、可量化的方法，让我们的总结与评判更理性和更贴近真实。

产品经理与程序员沟通（项目管理）的必备方法——任务拆解法。任务拆解法是一种处理方法，指的是目标→任务→工作→活动。产品经理要学会拆解任务，只有将任务拆解得足够细，才能做到心中有数，才能有条不紊地工作，才能统筹安排时间表。你是不是在工作中遇到过如下场景："这个需求一周能做出来吗？""不行，需要两周，这个功能太复杂了。""十个工作日怎么样？"当与程序员讨价还价时，你感觉既心累又无力。如果你学会了使用任务拆解法，那么对话很可能就是下面这样的："这个需求一周能做出来吗？""不行，需要两周，这个功能太复杂了。"这个时候你慢慢地拖来一把椅子，坐在他旁边。"来，我们把这个项目一步步拆解一下，你看这个小功能是不是一小时就搞定了……"最后，拆解下来统计一下累计时间，发现3天就能搞定了，而且每个功能的小细节都是程序员自己肯定的时间，是不是很有成就感？！这个方法也是你提高项目推动能力的有效方式。

产品经理需求评审会收尾利器——Todo事项列表。一场会议下来，总要讨论出一些结果或者得到一些结论，要不会议就是无效会议。在会议后，接下来应该做什么呢？这就是所谓的行动项，我们要做什么、谁来主要负责、时间点是什么，都要通过邮件发出来，周知所有参会人员以及相关人等，对于达成共识的事情，大家就要按照这个TodoList完成。

产品经理经常会用到的一个词——优先级。做事情要有轻重缓急之分，产品经理的PRD要实现的功能有很多，到底应该先做哪些，如何实施呢？这时候，就需要在里面找出那20%最重要、最需要先做的事情，然后投入80%的时间做这些事情。很多文章都介绍过如何定义优先级以及如何排序，足见其重要性，这里就不多做重复了。如果需求优先级不明确或者有问题，那么可能会导致项目错失市场，甚至无疾而终，最终导致失败。

对于上面讲的这些内容，可能很多人觉得有点形而上。其实，这些都是需要结合我们在工作中的项目和经历不断体会、不断总结、不断完善的。这些方法不仅可以应用于产品工作中，还可以应用到学习和生活中，也会得到意想不到的收获。做产品越久，越发现产品源于生活，产品与生活的这些方法论和思想很多都是相通的。希望大家在数据产品的道路上越走越远，早日形成自己的一套产品理论体系和方法。

第 2 章　数据产品经理基础知识

2.1　数据产品经理常用的工具

2.1.1　玩转 Excel

Excel 是我见过的处理日常数据最强大的工具。它有着直观的页面、出色的计算功能和图表工具，里面的很多功能（如高级排序、表格色阶等）甚至可以为以后实现大数据分析平台提供参考，即使一个大数据分析平台会解决大部分数据的查询和可视化问题，但是也避免不了有些人会在平台上下钻数据，然后用 Excel 进行二次分析，因为 Excel 的功能实在太灵活、太强大。相信每个人都会用一些 Excel 的简单功能，可是，一名数据产品经理仅仅掌握这些功能是不够的，还要了解更多 Excel 的知识。首先，你要掌握以下一些常用函数。

1. 日期函数

DAY()：将数据转换为月份中的日。
MONTH()：将数据转换为月份。
YEAR()：将数据转换为年。
DATE()：将数据转换为具体的日期。
TODAY()：返回当前的日期。
WEEKDAY()：将数据转换为日期的星期数。
WEEKNUM()：返回特定日期所在一年中的第几周。

2. 数学函数

PRODUCT()：使所有以参数形式给出的数字相乘并返回乘积。

RAND()：返回一个大于等于 0 且小于 1 的平均分布的随机实数。

ROUND()：将数字四舍五入到指定的位数。

SUM()：将函数内的值做加和汇总。

SUMIF()：对范围中符合指定条件的值求和。

SUMPRODUCT()：在给定的几组数组中，将数组间对应的元素相乘，并返回乘积之和。

3. 统计函数

LARGE()：返回数据集中第 k 个最大值。

SMALL()：返回数据集中第 k 个最小值。

MAX()：计算一组数字中的最大值。

RANK()：返回数字所在的一组数字中的排位。数字的排位是其相对于列表中其他值的大小。

COUNT()：计算包含数字的单元格个数以及参数列表中数字的个数。

COUNTIF()：统计函数，用于统计满足某个条件的单元格的数量。例如，统计特定城市在客户列表中出现的次数。

AVERAGE()：返回参数的平均值。

AVERAGEIF()：返回某个区域内满足给定条件的所有单元格的平均值。

4. 查找和引用函数

CHOOSE()：根据索引号返回数值参数列表中的数值。

MATCH()：在所选范围单元格中搜索特定的项，然后返回该项在此区域中的相对位置。

INDEX()：返回表格或区域中的值或值的引用。

COLUMN()：返回指定单元格引用的列号。

ROW()：返回指定单元格引用的行号。

VLOOKUP()：在表格或区域中按行查找内容。

在 VLOOKUP() 函数中，需要依次输入 4 个参数，即 VLOOKUP(要查找的值，要在其中查找值的区域，区域中包含返回值的列号，精确匹配输入 0/FALSE 或近似匹配输入 1/TRUE)。

如图 2-1 所示，要查找车型 4 在 A2：B7 区域内第二列与之近似匹配的内容，由于第二列为数量，那么返回车型 4 对应的数量。

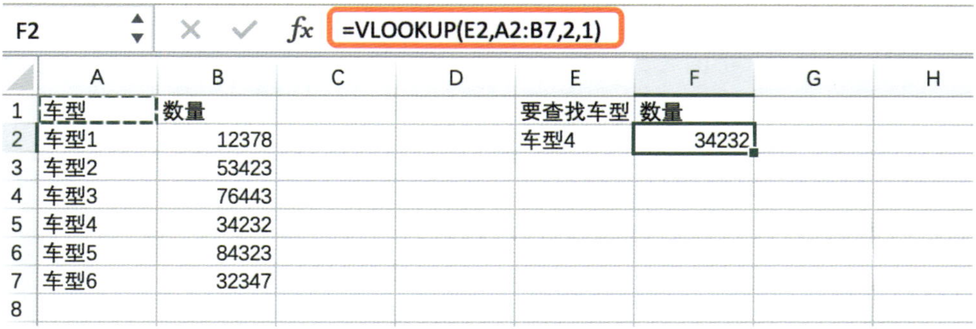

F2　=VLOOKUP(E2,A2:B7,2,1)

	A	B	C	D	E	F	G	H
1	车型	数量			要查找车型	数量		
2	车型1	12378			车型4	34232		
3	车型2	53423						
4	车型3	76443						
5	车型4	34232						
6	车型5	84323						
7	车型6	32347						
8								

图 2-1　VLOOKUP() 函数的使用

HLOOKUP()：在表格的首行或数值数组中搜索值，然后返回表格或数组中指定行的所在列中的值。使用方式与 VLOOKUP() 类似，这里不做举例。

LOOKUP()：查询一行或一列，并查找另一行或列中的相同位置的值。与 VLOOKUP() 和 HLOOKUP() 查找一片区域不同的是，LOOKUP() 主要针对一行或者一列进行查找。

例如，如图 2-2 所示，要在第 K 列中查找 O2 项“车型 4”，并返回与之对应的 M 列的内容，输出订单为 439723。

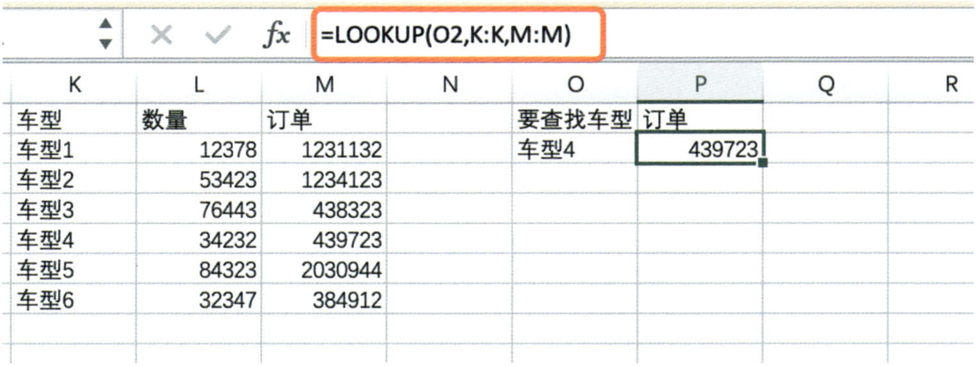

=LOOKUP(O2,K:K,M:M)

K	L	M	N	O	P	Q	R
车型	数量	订单		要查找车型	订单		
车型1	12378	1231132		车型4	439723		
车型2	53423	1234123					
车型3	76443	438323					
车型4	34232	439723					
车型5	84323	2030944					
车型6	32347	384912					

图 2-2　LOOKUP() 函数的使用

5. 文本函数

FIND()：用于在第二个文本串中定位第一个文本串，并返回第一个文本串的起始位置的值，该值从第二个文本串的第一个字符算起。

SEARCH()：可在第二个文本字符串中查找第一个文本字符串，并返回第一个文本字符串的起始位置的编号，该编号从第二个文本字符串的第一个字符算起。

例如，若要查找字母"s"在单词"database"中的位置，可以使用以下函数：
=SEARCH("s","database")
此函数会返回 7，因为"s"是单词"database"的第七个字符。

TEXT ()：可以更改数字的显示方式。它可以使要显示的内容更具有可读性，甚至可以将数字与文本的形式组合展现。例如，TEXT(TODAY(), "MM/DD/YY")，则会按照格式要求输出为 11/20/18。

VALUE()：可以将设置为文本内容的数字转换为数字格式显示。

LEFT()：从文本字符串的第一个字符开始返回指定个数的字符。

RIGHT()：根据所指定的字符数返回文本字符串中最后一个或多个字符。

MID()：返回文本字符串中从指定位置开始的特定数目的字符。

LEN()：返回文本字符串中的字符个数。

6. 逻辑函数

AND()：AND() 函数的语法为 AND(logical1, [logical2],…)。当所有参数的计算结果为 TRUE 时，AND() 函数返回 TRUE；只要有一个参数的计算结果为 FALSE，就返回 FALSE。

OR()：OR() 函数的语法为 OR(logical1, [logical2],…)。如果 OR() 函数的任意参数计算为 TRUE，则其返回 TRUE；如果其所有参数均计算为 FALSE，则返回 FALSE。

IF()：可以对值和期待值进行逻辑比较。进行判断的逻辑是如果逻辑比较结果为 TRUE，则执行某操作，否则执行其他操作。

FALSE()：直接返回逻辑值 FALSE。

TRUE()：直接返回逻辑值 TRUE。当希望基于条件返回值 TRUE 时，可使用此函数。例如，IF(B1=2,TRUE())，如果 B1 的内容等于 2，则返回逻辑值 TRUE。

产品经理如果掌握了这些函数，就可以对经常分析的业务建立一个数据模板，如业务大盘日报，这样就省去了手动计算大量数据的麻烦，可以根据模板自动更新新增数据，直接显示结果。

我们接下来看一下 Excel 的分类汇总功能的实现。有一份北京、天津、上海、沈阳的不同车型的原始订单数据，要分类汇总各地不同车型的订单数量情况。首先，利用"筛选"和"排序"将数据按照关键字排序。

这里推荐使用 Excel 排序里的自定义排序功能，它可以根据"排序依据"和"次要依据"输出稳定的排序结果，按照图 2-3 中的设置就会先以日期进行排序，然后再基于日期排序的结果依次对城市和车型进行排序。这个高级排序的功能也可以以后引入大数据分析平台中。

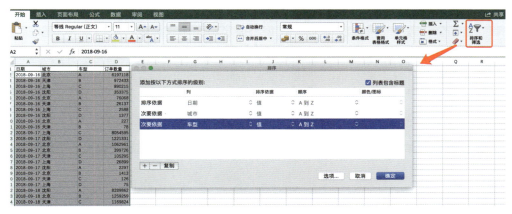

图 2-3　自定义排序

排序之后的内容属于表格，而表格无法进行分类汇总，要把表格变成区域才行。可以选中表格，单击"表格"选项卡的"转化为区域"，如图 2-4 所示，即可按照分类汇总步骤进行统计。

图 2-4　把选中的表格转化为区域

如果想在原始数据中选出某段时间的数据进行分类汇总，那么就要复制已经筛选的结果，可以在筛选之后，选中所有，用 Ctrl+G 组合键调出"定位"选项卡，选择"可见单元格"。这样筛选出 2018 年的内容，复制之后也是 2018 年的内容，不会把 2016 年和 2017 年的内容也复制过来。

这里要注意，按照我们的要求，需要分类汇总两次，如图 2-5 所示。第一次以"城市"作为"分类字段"，第二次以"车型"作为"分类字段"，在第二次分类汇总的时候不能勾选"替换当前分类汇总"前的复选框，否则无法双重分类。在分类汇总两次后，点击 3 级视图，便完成了分类汇总各地不同城市和车型的要求。

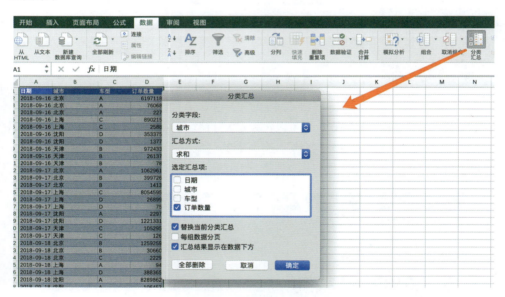

图 2-5　选择分类汇总字段

接下来介绍一下 Excel 数据分析中非常好用的另一个利器——数据透视表。它可以快速地把大量数据生成可以分析和展现的报表，而且可以随意组织选择各种维度和值，就像一个魔方，你可以自由组合查看不同角度的不同结果，它把复杂的公式转化成了简单的数据分析，非常实用，并且容易上手。通过数据透视表，你可以实现以下几种功能：

（1）自动计算分类间的数据汇总、计数，求数据的最大值、最小值以及平均值等。

（2）自动排序、手动排序以及分组。

（3）分析环比、同比、定基比等。

（4）根据业务逻辑进行个性化分析。

有一份如图 2-6 所示的原始数据（本数据都为模拟数据），利用数据透视表，汇总 2018 年 A 车型和 B 车型、东区和北区、各城市、各平台的金额。其中，北京、天津按照是否有活动分别显示收入金额情况，数据按照金额的总计列排序。

	A	B	C	D	E	F	G
1	日期	城市	车型	平台	是否有活动	订单数量	金额
2	2018-09-16	北京	A	Android	是	6197118	123213
3	2018-09-16	天津	B	iOS	否	972433	32323
4	2018-09-16	上海	C	小程序	是	890215	23434
5	2018-09-16	沈阳	D	Android	否	353375	12323
6	2018-09-16	北京	A	iOS	是	76068	9732
7	2018-09-16	天津	B	小程序	否	26137	6321
8	2018-09-16	上海	C	Android	是	2588	4326
9	2018-09-16	沈阳	D	iOS	否	1377	873
10	2018-09-16	北京	A	小程序	是	227	54
11	2018-09-16	天津	B	Android	否	78	32
12	2018-09-17	上海	C	iOS	是	8054595	123213
13	2018-09-17	沈阳	D	小程序	否	1221331	32323
14	2018-09-17	北京	A	Android	是	1062961	23434
15	2018-09-17	北京	B	iOS	否	399726	12323
16	2018-09-17	天津	C	小程序	是	105295	9732
17	2018-09-17	上海	D	Android	否	26899	6321
18	2018-09-17	沈阳	A	iOS	是	2297	4326
19	2018-09-17	北京	B	小程序	否	1413	873
20	2018-09-17	天津	C	Android	是	126	54
21	2018-09-17	上海	D	iOS	否	75	32
22	2018-09-18	沈阳	A	小程序	是	8289862	123213
23	2018-09-18	北京	B	Android	否	1259259	32323
24	2018-09-18	天津	C	iOS	是	1169824	23434
25	2018-09-18	上海	D	小程序	否	388365	12323
26	2018-09-18	沈阳	A	Android	是	106453	9732
27	2018-09-18	北京	B	iOS	否	30660	6321
28	2018-09-18	北京	C	小程序	是	2229	4326
29	2018-09-18	天津	D	Android	否	1704	873
30	2018-09-18	上海	A	iOS	是	94	54

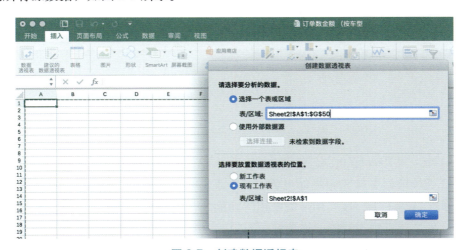

图 2-6　多维度原始数据

新建一个工作表，点击“插入”选项卡里的“数据透视表”，然后选择范围，选定所有源数据，如图 2-7 所示。

图 2-7　创建数据透视表

根据要求，把"城市"拖到"行"，把"平台"拖到"列"，把"金额"拖到"值"。数据透视表的结果如图 2-8 所示。

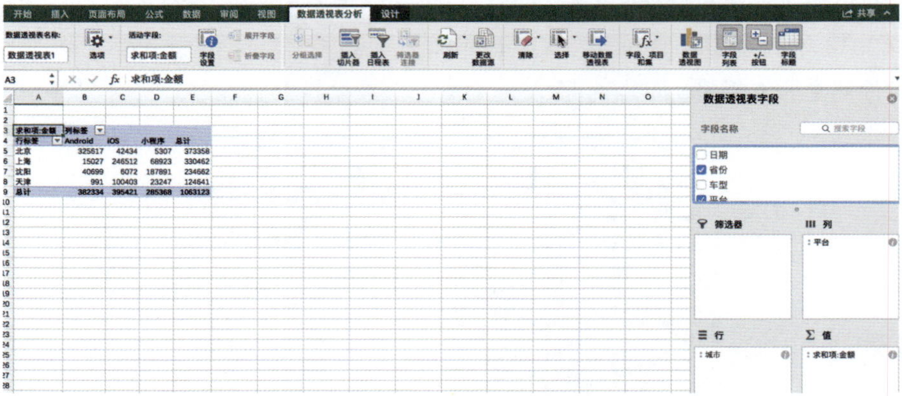

图 2-8　生成数据透视表

移动表格，把北京、天津、沈阳移到一起，同时选定这三行数据，然后点击鼠标右键，创建组合并命名为"北区"。用同样的方法把上海的分组命名为"东区"，最终展现如图 2-9 所示。

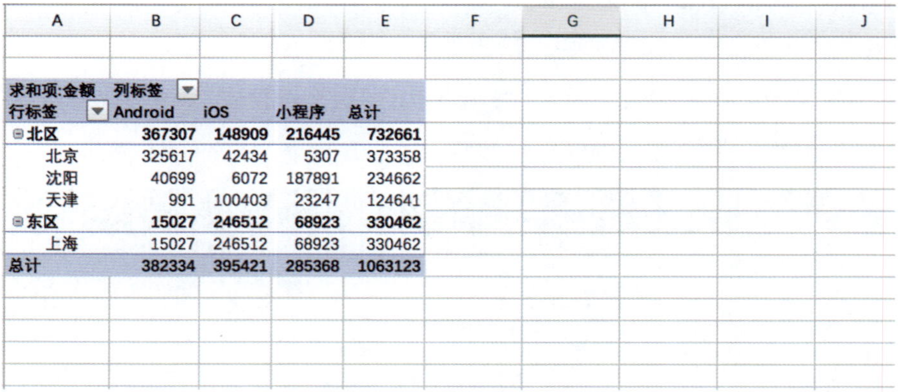

求和项:金额	列标签			
行标签	Android	iOS	小程序	总计
⊟ 北区	367307	148909	216445	732661
北京	325617	42434	5307	373358
沈阳	40699	6072	187891	234662
天津	991	100403	23247	124641
⊟ 东区	15027	246512	68923	330462
上海	15027	246512	68923	330462
总计	382334	395421	285368	1063123

图 2-9　数据透视表各大区汇总数据

可见，用 Excel 的数据透视表，既不用写公式，又不用手工计算。数据透视表通过简单地拖曳就能完成你想要的各个维度数据的分类汇总，是 Excel 操作里最简单、最易上手、最实用、最常用的功能之一。当然，除了上面的功能之外，数据透视表还有很多功能，由于篇幅有限，这里就不做过多介绍，有兴趣的读者可以自行查阅相关资料或书籍了解。

2.1.2 数据产品经理怎能不会 SQL

数据产品经理在工作中，经常会使用各种 SQL 语句，特别是 MySQL。毕竟，MySQL 是当前最流行而且应用最广泛的关系型数据库，对于存储几百万甚至几千万条数据是没有任何问题的。下面以 MySQL 为例，了解一下 SQL 的常用操作及命令。

1. MySQL 数据导入

1) `mysql` 命令导入

使用 `mysql` 命令导入语法格式为：

`mysql -u 用户名 -p 密码 < 要导入的数据库数据 sql;`

实例：

`mysql -uroot -p123456 < testsql.sql;`

2) `source` 命令导入

使用 `source` 命令导入数据库需要先登录到数据库终端，然后通过如下语句实现：

```
create database mydatabase;           # 创建数据库
use mydatabase;                        # 使用已创建的数据库
set names utf8;                        # 设置编码
source /home/ test.sql;                # 导入备份数据库
```

3) 使用 `LOAD DATA` 导入数据

在 MySQL 中，也可以使用 `LOAD DATA INFILE` 语句导入数据。例如，要从 source.txt 文件中导入 mytable 的表中，可以使用以下语句实现：

`LOAD DATA LOCAL INFILE 'source.txt' INTO TABLE mytable;`

对于上面的语句，如果有 `LOCAL` 关键字的存在，就会从客户端主机上按照文件路径读取文件；如果没有 `LOCAL` 关键字，就会在服务器上按照文件路径读取文件。

如果不指定列，在默认情况下，`LOAD DATA` 会按照 source.txt 文件中列的顺序插入数据，而一旦文件中的列与要插入表的列不一致，则需要指定要插入表中的列的顺序。

例如，在数据文件 source.txt 中列的顺序是 A、B、C，但在插入表 mytable 中列的顺序为 B、C、A，则用 LOAD DATA 实现数据导入的语句如下：

LOAD DATA LOCAL INFILE 'source.txt' INTO TABLE mytable (b, c, a);

2. 数据查询

基于数据表查询数据是应用最频繁的操作，针对数据库的增、删、查、改，查询是大数据分析平台经常用到的操作。

在正式介绍 SELECT 查询之前，我们先来看几个 MySQL 经常使用的基础语句，如表 2-1 所示。

表 2-1　MySQL 的基础语句

基础语句	语法	作用	示例
USE	USE 数据库名；	用于启动需要的数据库	USE mytable;
SHOW	SHOW 数据库名；	用于查看当前数据库中的所有表	SHOW mytable;
DESC	DESC 表名；	用于查看表的结构	DESC mytable;

接下来，我们看看如何使用 SELECT 查询数据。

举一个最简单的例子，如果要显示表中所有的数据，那么可以用如下语句来实现：

SELECT * FROM mytable;

这个语句的执行顺序是：首先，查看表 mytable 是否存在，如果不存在则报错：ERROR 1146 (42S02): Table '表名' doesn't exist;。其次，查看要查询哪列，即 SELECT 后面的语句，再显示出来。

在实际业务应用中，我们是没有必要展现整个表的数据的，在大部分情况下只需要查询部分列或者部分行的数据。例如，要查询部分列，可以这样实现：

SELECT 列名 FROM 表名；

如果要查询部分行，可以把 SQL 写成：

SELECT * FROM 表名 WHERE 查询条件；

这两个语句会首先查看表是否存在，如果不存在则报错：ERROR 1146 (42S02): Table '表名' doesn't exist;。其次，查看要查询哪列，即 SELECT 后面的语句；再查看要查询哪行，即 WHERE 后面的语句。最后，再显示出来。

在大数据分析平台中，经常要用到的一个功能就是对字段重命名，这里其实用到了 MySQL 里的给字段起别名的语法：

SELECT 列名 AS 别名 FROM 表名；

其中，AS 关键字可以省略，但是列名和别名之间的空格不能省略，为了避免有时候用户输入特殊字符引起查询错误的情况，别名最好用单引号引起来。

在数据分析的过程中，总要限制很多条件，才能查询到符合条件的数据，这里用到了 MySQL 的条件查询功能。我们先看一下条件查询中的关系运算符，例如，想查询"北京市用户的骑行数据"，这里就用到了关系运算符"="。

SELECT * FROM user
WHERE city ='北京';

MySQL 中用到的关系运算符有表 2-2 所示的 6 种。

表 2-2 关系运算符

关系运算符	含义
>	大于
<	小于
=	等于
>=	大于等于
<=	小于等于
<>	不等于

再进一步，如果想查询"北京市月卡用户的骑行数据"，这时候就要用逻辑运算符，如表 2-3 所示，它把多个查询条件以某个逻辑关系组织起来，这个查询语句便可以写成：

SELECT * FROM user
WHERE city = '北京' and type='month_card_user';

表 2-3 逻辑运算符

逻辑运算符	含义
AND	和
OR	或
NOT	非

还有一些情况会用到模糊查询 LIKE，一般和通配符搭配使用。通配符 "%" 表示任意 0 到多个字符，"_" 表示任意单个字符。如果列中的值包含下划线或百分号，则需要使用转义字符。可以使用任意字符充当转义字符，但是需要声明，使用 ESCAPE 关键字。

在大数据分析平台中，经常要用时间作为筛选字段，并且在大多数情况下，要查看一段时间范围内的数据，这时候要用 MySQL 中的 BETWEEN AND 语句，它的效率要高于关系运算符，使用十分广泛。例如，如果我们想查询 2018 年 9 月的用户注册数据情况，那么可以这样实现：

SELECT * FROM register_user

WHERE report_date BETWEEN '2018-09-01' AND '2018-09-30';

接下来，介绍一下查询多个值的语法 IN，属于列值中的一个，列名 IN（值 1，值 2，…）；即等同于列名 = 值 1 OR 列名 = 值 2 OR 列名 = …；，并且 IN 的效率要高于关系运算符，例如，要查询北京、上海、广州三个城市的订单数据，可以用 IN 实现：

SELECT * FROM order

WHERE city IN ('北京','上海','广州');

大数据分析平台会经常用到统计指标的需求，这时候会经常用到对指标的去重、求和、求平均值、求最大值、求最小值以及计数统计等，MySQL 用于统计的关键字如表 2-4 所示。

表 2-4　MySQL 用于统计的关键字

关键字	含义	示例
DISTINCT	去除重复的值	SELECT DISTINCT user_id FROM users;
SUM	用于统计，传入一组值，最终得到一个值	SELECT SUM (DISTINCT user_id) FROM users;
AVG	求平均值。该函数忽略 NULL 值，最终除数的个数也不包括 NULL 值	SELECT AVG (age) FROM users;
MAX	求最大值	SELECT MAX (age) FROM users;
MIN	求最小值	SELECT MIN (age) FROM users;
COUNT	统计个数。该函数忽略 NULL 值。	SELECT COUNT (DISTINCT user_id) FROM users;

其中，DISTINT 可以对数据去重，另外使用 GROUP BY 也可以对数据去重，它主要用于分组统计，一般都在聚合函数中使用。例如，使用 GROUP BY 查询数据库骑行表中出现次数为两次以上的用户，MySQL 实现语句如下：

```
SELECT ( user_id) () FROM rideuser
GROUP BY user_id
HAVING count (*) >2;
```

3. 数据合并

在实际业务中，一个表的数据有时候不能完全满足需求，需要对两个或者多个有关联的表进行关联和合并。其中，JOIN 用于多表中字段之间的联系，MySQL 中 JOIN 的方式如表 2-5 所示，语法如下：

```
SELECT * FROM table1 INNER|LEFT|RIGHT JOIN table2 ON conditiona
```

table1 表示左表，table2 表示右表。

JOIN 方式按照功能大致分为以下三类：

表 2-5 MySQL 中的 JOIN 方式

JOIN 方式	含义	应用场景
INNER JOIN	内连接或等值连接	取得两个表中存在连接匹配关系的记录
LEFT JOIN	左连接	取得左表(table1)完全记录，即右表(table2)并无对应匹配记录
RIGHT JOIN	右连接	与 LEFT JOIN 相反，取得右表(table2)完全记录，即左表(table1)并无匹配对应记录

注意：MySQL 不支持 FULL JOIN，不过可以通过 UNION 关键字合并 LEFT JOIN 与 RIGHT JOIN 模拟 FULL JOIN，这一点其实是对于 MySQL 经验并不丰富的人来说的，使用起来并不方便。

4. 导出数据

mysqldump 是 MySQL 的一个命令行工具，它可以把整个数据库导出到一个单独的文本文件中，内容包括数据库的表结构和表中的数据，而这些内容都可以让你很快地恢复数据库。用这个工具导出数据简单而快速，可以说它是使用 MySQL 导出数据的必备语句。

```
mysqldump -uroot -pdatapm mytable > mytable.sql;
```

生成的 mytable.sql 文件中包含数据库表结构的语句和表数据,用于以后恢复数据表。

如果想恢复数据库的数据,则可以在 MySQL 中直接敲入如下命令行来实现:

```
mysql -uroot -pdatapm mytable <mytable.sql;
```

5. 视图

视图是一个虚拟表,其内容是通过查询语句定义实现的。与一个真实存在的表一样,视图也有行和列的概念。但是,它并不在数据库中真正存储数据结果。行和列数据通过定义视图的表,并在引用视图的时候动态查询产生。因此在使用时,会消耗查询时间。

因为视图的这种实现方式,所以它具有简单性和安全性的特点。简单性是因为视图可以简化使用者对数据的理解,并且简化操作,用户经常使用的语句都可以定义为视图来实现,这样不用每次都重新指定全部的条件,真正做到了所见即所需。安全性体现在用户只能查询和修改他们看到的数据,而数据库中的其他数据对他们是完全隔离的,这是数据库 GRANT 命令所做不到的,因为 GRANT 命令只能授权到数据库和数据表粒度上,而不能授权到数据库特定行或者特定列。

在使用视图语句之前,你需要被授予 CREATE VIEW 权限,并且对查询涉及的表和列要有 SELECT 权限。其中,创建视图的语法为:

```
CREATE [or REPLACE][algorithm = {undefined|merge|temptable}]
 VIEW view_name[ (column_list) ]
 as select_statement
 [with [cascade|local] check option]
```

MySQL 对视图的定义有一些限制,例如 FROM 关键字后不能包含子查询,这和其他数据库不同。

值得注意的一点是,在 MySQL 中,不能在视图上建立索引,而要把索引建立在视图后面的真实表上,视图就是一个表或多个表的查询结果,它是一张虚拟的表,因为它并不能存储数据。在 MySQL 中,索引经常应用于数据量较大或者查询速度较慢等场景,它是存放在模式(schema)中的一个数据库对象,通过快速访问的方法快速定位到要检索的数据,从而减少了对磁盘的读写操作。索引的作用就是提高对表的检索查询速度,而视图由于不能使用索引,在大数据量等引起查询过慢的问题上,始终存在一些弱点,这也是为什么使用物化视图的原因。

6. 物化视图

物化视图用于预先计算并保存表连接操作的结果,而这些操作往往会很耗时。这样,在执行查询时,就可以避免再次进行这些耗时的操作,从而快速地得到想要的结果。

由此可见,使用物化视图的目的是进一步提高查询速度。同时,物化视图对应用透明,增加和删除物化视图不会影响应用程序中 SQL 语句的正确性和有效性,确保了一定的安全性。

物化视图和视图类似,反映的是某个查询的结果,但是和视图仅保存 SQL 定义不同,物化视图本身会存储数据,因此是物化了的视图,需要占用存储空间存储数据。当底层表的数据发生变化时,物化视图也应当更新到最新数据。

MySQL 本身不提供物化视图的操作,但是,我们可以通过程序实现物化视图的功能。首先,定义一个用于存储物化视图结果的临时表。然后,定期更新物化视图。这样,在数据量很大时,物化视图可以提高及时查询速度,进一步提高性能。

下面分享一个在大数据分析平台实现物化视图功能的逻辑步骤。

(1)创建用于存储结果的中间表,例如 `mbk.dm_view`;

(2)填写物化视图的 MySQL 语句,注意此处按如下语法填写:

`INSERT INTO 中间表名称 查询语句;`

(3)填写底层表名称,例如底层表名称为 `mbk.dm_sessionize_dau_daily;`。

然后,通过程序实现一个定时脚本,用来判断底层表是否有数据更新,如果有更新,则执行第二个步骤的 `INSERT INTO` 语句,把更新的数据插入中间表中,用来作为存储物化视图结果的临时表。

之所以本节对 MySQL 做了这么详细的介绍,是因为后面在建设大数据分析平台的时候,会用到很多 MySQL 的语法和知识,只有对 MySQL 的基础语法了解得比较透彻,才会在实现大数据产品的过程中有的放矢,合理设计产品功能。

2.1.3 掌握一些 R 相关知识

R 是一个应用统计软件和语言,主要为统计计算和绘图而生,而且 R 是一套开源的数据分析解决方案。它主要包括简单却很强大的 R 语言、数据存储和处理、数据运算工具、完整的统计分析工具、优秀的统计可视化以及用户可自定义功能等。与其说 R 是一个统计软件，还不如说 R 是一个数学计算的环境，这是因为 R 并不仅仅提供若干统计功能，在使用的时候，只需指定数据库和若干参数便可进行一次统计分析，这也是 R 的强大与易用方面的体现。

在使用过程中，你会发现 R 提供了一些集成的统计工具，但更多时候用到的是它提供的各种数学计算、统计计算的函数，从而使使用者能灵活地进行数据分析，甚至创造出新的统计计算方法，同时，R 内建多种统计学及数字分析功能。

除了 R 语言的一些基础知识（如语法、数据结构、数据函数、数据读取与应用等）之外，在学习 R 软件的同时，数据产品经理还应该多关注使用 R 软件完成数据的可视化操作。确实，R 软件也是一款非常棒的可视化工具，包含了各种各样的可视化包，如 graphics、lattice、plotrix、plotly、REmap 等。关于这一部分内容的学习，读者可以根据《统计建模与 R 软件》《R 语言实战》等初步了解 R 的可视化，知道 R 软件基础包是如何实现数据可视化的，这样会给你的可视化思维带来好处，并为后续的其他数据产品提供一些借鉴和思路。

其中，R 的 REmap 软件包在实现一些地图应用场景的可视化方面，效果是非常棒的，REmap 软件包是 R 语言地图可视化工具之一，具有友好的交互方式、简单的函数参数，使用者甚至可以直接在 R 中调用 Echarts 的 API 接口。在熟悉了 REmap 软件包的基本使用方法及思路以后，在其他大数据可视化工作时，我们的思路将更加开阔。可以毫不夸张地说，我们常用的地图可视化方式，基本上用 REmap 软件包都能画出，并且可以绘制完美的图形，它包含很多系统的绘图函数，如 remap()、remapB()、remapC()、remapH() 等函数。我们通过下面的例子来看一下 REmap 软件包的强大功能。

图 2-10 是使用 REmap 软件包里面的 remapB() 函数绘制的，表示在下班高峰期人群的迁移情况。可以看出，人群分别从各栋写字楼出来，流向了地铁站，该图主要为了展现在下班高峰期该地铁站周边的交通效果，以便进一步做一些人群标签画像、交通调控等方面的规划和研究。

上面这些更多的都是从数据产品角度介绍的，如果想进一步提升自己，研究一些目前比较火的数据挖掘知识，R 语言同样提供了出路，如果想了解更多相关内容可以参考《数据挖掘：R 语言实战》《机器学习与 R 语言》《R 语言数据分析与挖掘实战》这几本书。

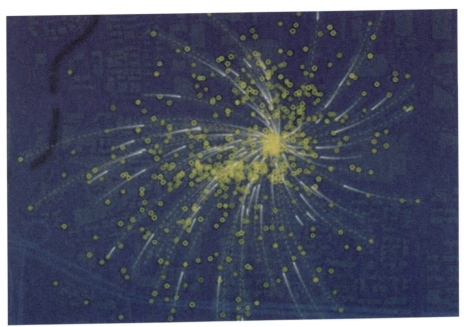

图 2-10　使用 R 绘制的地图

上面提到的这三本书，都以 R 语言作为基本工具，重点介绍在 R 的基础上进行数据挖掘实战，里面包含了常见的数据挖掘方法，如 KNN（k-Nearest Neighbor）算法、Logistic 回归算法、决策树、朴素贝叶斯算法、神经网络算法等，每一种挖掘方法都配备了详细的数据案例及实现方法，同时也讲解了数据挖掘中经常要使用的一些函数。

另外，R 作为一个成熟的工具，R 的官网 https://www.r-project.org/ 有着大量的学习资料和相关教程，可以在上面下载安装程序，开始你的 R 学习之旅。

2.1.4　产品原型工具

产品原型是产品设计方案的重要产出形式，是需求内容和产品功能的主要示意，也是产品经理、后端研发工程师、前端研发工程师评估需求的重要依据，再好的产品规划和设计想法，都需要在原型中清晰地表达，产品原型表达得越规范，就越能够达到事半功倍的效果。

按照产品设计的流程，一般情况下鼓励从低保真原型到高保真原型的过渡，低保真原型可以被理解为与最终产品框架思路一致但细节和交互不完整的原型，它可以是纸质手绘的，也可以是通过软件绘制的产品框架思路图。低保真原型的目的是在节约成本的前提下快速高效地完成沟通。高保真原型在产品的功能、视觉效果操作上与最终产品基本保持一致，即用户真正使用产品时的操作及页面效果。目前，使用较多的原型绘制软件有 Axure、Visio、墨刀等，下面简单介绍 Axure 的使用。

1. Axure 的构成元素

打开 Axure，如图 2-11 所示，可以看到工作区域从上到下、从左到右依次主要包括 7 个区域：1 区域为主菜单和工具栏、2 区域为页面导航栏、3 区域为元件库、4 区域是母版、5 区域为原型绘制区、6 区域为交互区、7 区域为元素区。

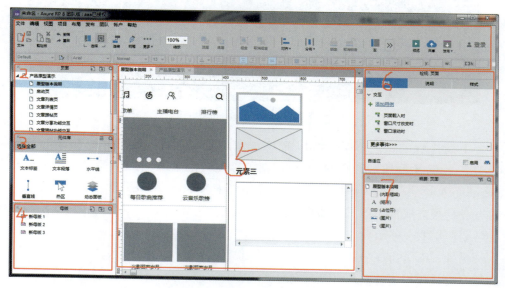

图 2-11　Axure 的构成元素

2. 创建画布与添加元件

如图 2-12 所示，创建画布与添加元件。在原型绘制中，首先在页面导航栏添加或创建新的页面，也可以对已有的页面进行移动再编辑。在创建好新的页面后，可以将元件库中需要的元件拖到原型绘制区，即通常说的画布区域，依据产品框架和产品思路在画布区域可以完成基础的页面设计，Axure 默认的元件库包括基本元件标题、线、形状、按钮、热区等。同时，可以下载网上的通用元件库使用，将元件拖到画布区域后，接下来要进行的操作是通过元件属性对元件命名，命名元件不仅有利于阅读原型、定位元件、设计元件的交互，更方便在修改原型时做一些调整。

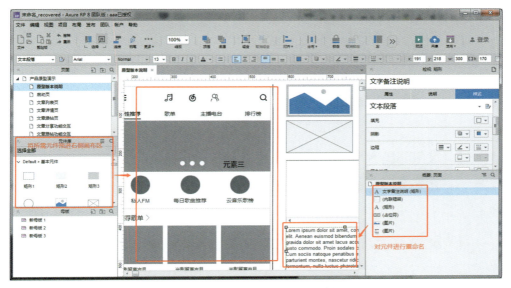

图 2-12　创建画布与添加元件

3. 设置元件的基本属性

在确定了使用的元件之后，可以通过鼠标拖曳操作调整元件的大小和位置，如图 2-13 所示，也可以通过交互区中的样式对所选取的元件进行调整，主要包括元件整体大小、位置及角度的设置，x 轴坐标指元件在画布中的 x 轴坐标值，y 轴坐标指元件在画布中的 y 轴坐标值，同时可以设置元件的高度和宽度以调整选中的元件的大小，输入元件角度可以使选中的元件按照顺/逆时针旋转一定的角度。

4. 设置元件的颜色属性

以设置元件的颜色为例，选中要调整颜色的元件，可以设置单色或者渐变模式，如图 2-14 所示，可以直接输入颜色代码或者直接点击需要的颜色，如果不知道颜色代码，那么可以用颜色吸取工具设置。

也可以对元件进行边框设置、圆角半径的调整、不透明度（0~100%）设置等，还支持对文字类元件进行行间距的设置、颜色的填充、段落行间距的设置等。

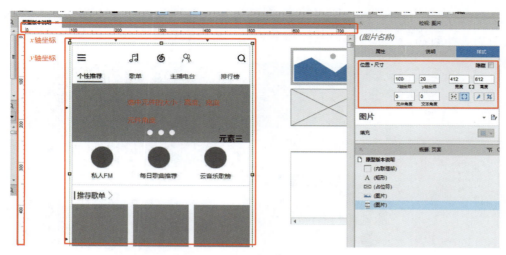

图 2-13　设置元件的基本属性

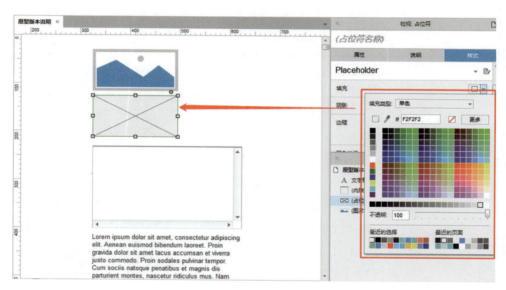

图 2-14　设置元件的颜色属性

5. 设置交互

在完成页面设计后,对于涉及用户交互的地方,需要完成添加事件的操作。所谓添加事件,即通过设置用例完成交互逻辑要达到的页面效果,在 Axure 中触发用例的场景有鼠标单击时、鼠标移入时、鼠标移出时、移动时、旋转时等,如

图 2-15 所示，分别代表用户操作页面当前元件时的交互行为，在设置完成触发场景以后，可以设置的用例有打开页链接、设置文本状态、设置图片等，用来实现用户在操作后，产品给用户的交互反馈。

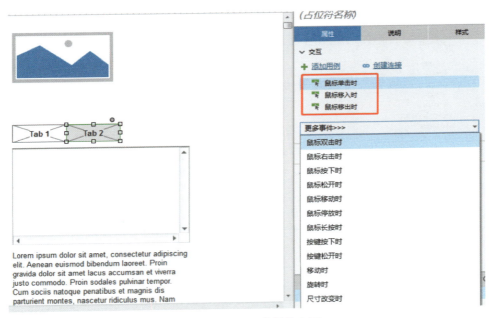

图 2-15　设置元件操作交互

下面举例说明，当鼠标单击时跳转到另外一个页面——文章跟帖页。此时，在当前元件选中状态下，点击用例列表中的"鼠标单击时"后，在弹出的交互页面中（如图 2-16 所示）选中"链接"→"打开链接"，在打开链接的列表中选中要进入的页面链接是"文章跟帖页"，点击"确定"完成设置，点击 F5 或者选择菜单栏中发布下拉框中的预览，便可查看原型的交互效果。

Axure 是一款很强大的原型软件，上面简单地介绍了基础属性和基础功能。除此之外，Axure 支持灵活的动态面板、用例编辑时自定义变量等设置，可以参考《Axure RP 8 入门手册》《Axure PR 8.0 入门宝典》等书籍进行深入学习。

图 2-16　设置页面跳转交互

2.2　产品需求管理

从用户思维来看，需求的本质是用户动机，动机就是用户想要得到或想要满足某种欲望表现出来的使用目的；从工程思维来看，需求则是一个简单按钮大小的调整，或是一个数据计算口径的定义，抑或是一个系统架构设计方案。而在从某些抽象的动机或具象的需求，转化落地到产品的实现中，产品经理充当着绝对重要的角色。产品需求贯穿于一个产品的整个生命周期，是产品经理每天工作所围绕的中心，良好的需求管理亦是产品经理招聘中不可或缺的岗位要求。

2.2.1　需求来源与需求判断

首先回归需求的来源，产品需求通常需要通过用户调研、竞品分析、用户反馈、头脑风暴、数据分析等方面挖掘，数据产品通常也会有业务方直接提的数据需求。在需求对接后，产品经理会先根据需求类别进行梳理，是提数类需求、数据接口类需求、数据分析类需求、产品功能类需求，还是数据优化类需求等。产品经理通常需要与用户深入地交流才能确定真正的需求，通过用户的回复、行为、反馈、抱怨等现象，深刻把握用户最核心的需求，深度挖掘用户的需求，可能会发现其实用户要的并不是一匹更快的马，而只是想更快地到达目的地。

例如，运营人员小张对数据产品经理小王提出了一个需求，"最近我发现一些异常领积分的用户，需要你帮忙做一个反作弊数据系统，以方便我发现每天作弊刷积分的用户，然后做进一步处理"，这个时候数据产品经理小王应该深入了解业务，知道领积分功能是针对用户的一个拉新活动，在新用户领完积分之后可以用积分抽奖，在奖品累积之后，在产品的兑换中心可以兑换相关礼品，如电话充值卡、充电宝、数据线等，通过活动粘住用户，增加用户在产品上的停留时长，增大用户进行其他业务消费的可能性。梳理业务流程大致如图2-17所示。

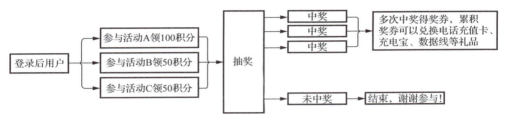

图 2-17　领积分案例业务流程

通过以上的需求梳理，可以发现运营人员小张真正的需求是想杜绝一些刷积分的用户，他们破坏了整个运营活动的生态平衡，小张想把活动资金准备的充电宝等礼品留给真正参与活动的用户。在知道了本质需求以后，数据产品经理小王建议也许不必大动干戈实现一个活动监控的系统，可以请挖掘同事接入用户行为数据，实现异常行为领积分的反作弊模型，比如领积分时间集中（同一IP、同一设备在1秒内领取多次积分，这明显是在正常使用业务时不可能出现的问题）、地域集中、其他行为异常（无停留时长记录，却有多次领积分的行为）等，挖掘同事通过作弊模型实时判断作弊用户，并把作弊用户列表通过实时接口提供给业务方小张，并在作弊用户领取奖品时做一些限制。通过这个方案，运营人员不必实时人工处理，也不需要调用前端、后端等同事开发系统，很好地解决了运营人员的本质需求。回头来看，最终完成的其实并不是运营人员小张最初提的实现作弊数据系统的需求，解决方案却比运营人员提到的更加系统、高效，这就是在需求来源环节把握需求本质与深入理解的重要性。

通过深度挖掘需求本质和需求判断，在大部分情况下产品经理并不会立即给出解决方案，而只是需要排期处理。在需求价值判断环节，产品经理需要找出场景合理、可以真正提升业务发展的需求，进行简单的需求归类、需求优先级标注、需求期望完成时间的记录，而对于那些不合理的需求，例如头脑风暴出来拍脑瓜的需求，在进行深入思考与讨论后，往往会发现很大的问题，这些可以滞缓或直接砍掉，产品经理在对自己的需求梳理和设计时，理应砍掉自己可以判断出来的不合理的想法。

数据产品经理小王将自己日常判断需求优先级的标准梳理如下，并整理成坐标象限图，如图2-18所示。对于其他不合理、不紧急的需求，需要把需求打回去让需求方重新构思方案。

图2-18　定位产品优先级的标准

2.2.2　产品需求池管理

建设产品需求池的目的主要是方便对需求进行管理，如何建设需求池需要经过全面的考虑，包括建设需求池需要的标准、需求归类、需求内容、需求优先级、需求对接人等。在项目的实际推进过程中，不加控制的需求变更往往给项目带来沉重的负担和无法预料的风险。因此，考虑应对计划之外的情况也是需求池需要考虑的一部分。可见，设计一套合适的需求变更管理流程和规范非常重要。

产品需求池的管理如表2-6所示。

当然，在日常需求管理工作中，可以借助JIRA、Tower等工具记录每个需求的内容，具体管理需求。如图2-19所示，以JIRA为例，JIRA是一个很方便的项目跟踪工具，广泛应用于需求收集、项目跟进、敏捷开发的各个领域，JIRA

可以针对每次敏捷开发的版本创建 Sprint 敏捷看板，对当前版本的待办、处理中、完成等各种状态的任务情况一目了然，并且当每次有状态更新的任务时都会有邮件及时通知相关人员。在敏捷开发完成后，还可以针对项目生成分析报告，方便对项目进行复盘和总结。

表 2-6　产品需求池的管理

序号	需求确认日期	需求内容	需求对接人	需求状态	优先级	备注
1	2018.11.06	活动作弊用户接口 http://xqwd.123.com	小张	开发中	P0	需求文档
2	2018.11.07	内容热点查询需求	小张	产品设计中	P1	需求文档
3	2018.11.07	用户留存分析	小刘	需求梳理中	P1	需求文档
4	2018.10.12	用户画像分析	小孙	需求暂缓	P2	需求文档
5	~~2018.10.12~~	~~DAU 分析~~	~~小李~~	~~已上线~~	~~P1~~	~~需求文档~~

图 2-19　用 JIRA 工具管理需求

2.2.3　从需求跟进到需求落地

1. 需求文档

在产品需求完全对接完成，并充分理解产品需求以后，产品经理可以进入撰写需求文档环节了，此时对需求的整体背景、用户情况以及需求目标已经有了明确的了解。需求文档面向项目的需求方、面向关注该需求的领导、面向需求对接的设计师，也面向团队中的研发和测试工程师，是项目成员重要的参考依据。

产品经理在撰写需求文档前，可以先梳理产品设计的方案，可以用笔在纸上画一个简单的产品方案和文档框架，在确认没问题后，就可以开始撰写完善的文档了。

需求文档的具体框架因项目而异，但通常情况下应该包含的模块有需求/产品概况、文档迭代记录、需求/产品背景、需求/产品定位、需求/产品优先级、需求内容等。下面简单示例。

第一部分：需求/产品概况，如图2-20所示。

> 需求方：自媒体业务运营人员
>
> 供应方：移动产品与开发组
>
> -----
>
> 产品经理：*****
>
> 视觉设计：*****
>
> 后端开发：*****
>
> 前端开发：*****
>
> 测试开发：*****
>
> 最近修改时间：2018-11-02 14:20

图 2-20　需求/产品概况

第二部分：文档迭代记录，如表2-7所示。

表 2-7　文档迭代记录

版本	产品经理	时间	内容	备注	进度
V0.1	小张	2018.10.24	增加客户查询功能入口，并提供客户需求数据查询页面	排期已确认，待开发	完成
V0.2	小张	2018.11.04	修改生产量的数据计算口径，备注影响产品的具体位置	前端资源紧张，排期待定	完成
V0.2.1	小王	2018.11.08	增加使用监控功能	已评审	完成
V0.3	小王	2018.11.11	调整页面框架及部分交互逻辑	有5处需要讨论的点	完成
V0.3.1	小李	2018.11.12	调整页面框架及部分交互逻辑	修改完成	待评审
V0.3.2	小李	2018.11.12	增加按钮调整功能和逻辑	修改完成	待评审

第三部分：需求/产品背景。

这个部分要讲清楚为什么要做这个需求/产品，包括相关的业务背景、市场行情或竞品的简要对比分析、预计需求/产品完成上线之后可以达成的目标。

第四部分：需求/产品定位。

这个部分简要描述该需求/产品的用户定位和市场定位，描述清楚要解决的问题。

第五部分：需求/产品优先级。

一般情况下可以按照 A、B、C、D 划分需求/产品优先级，或按 P0、P1、P2、P3 依次降序说明该需求/产品优先级情况，以便研发工程师评估工期，如果有相关冲突项目，那么有协调项目资源的依据。

第六部分：需求内容

需求内容部分是需求文档最核心的部分，是项目开发中的主要依据。最好首先说明整个文档的框架图和产品的思路流程，内容的主体部分要详细说明每一个需求，具体说明需求的使用场景、功能描述、前置条件、处理方案、后置条件、补充说明等方面，以描述清楚需求为最终目的，当然必要时也需要附上相关的交互页面流程图，以方便文档使用者理解。

补充说明：

数据产品经理需要认识到一个问题，前期思考得再全面、再完善，需求文档也很难做到一步到位，谁也不可能保证一次把所有的问题想清楚，在完成满足交付标准的需求文档后就可以进行需求的评审。在一般情况下，会首先组织需求方评审，看需求内容以及要交付的东西能否满足用户的需求，在实际使用中会遇到什么问题，有没有其他改进意见。在这一环节之后，会进行技术评审，如果存在需求不合理或者技术难以实现的地方，产品经理会根据大家的意见进行文档修改。因此，在多轮评审环节后，产品经理进行需求文档的迭代是一件很合理的事情，要做好需求文档经过几番迭代的准备。

2. 开发/测试进度把控

很多产品经理的工作内容包含项目经理的部分职责内容，需要协调开发资源，需要把控整个产品的开发进度。在需求排期确定以后，产品经理会发出项目排期邮件。

以数据产品经理小王刚完成的 2.2.0 版本为例，这个版本其实只是增加了 3 个实用的工具，采取立项的方法，时间节点有以下几个。

第一：6 月 20 日，确认产品需求文档没有问题，各方可以按照文档逐步开发。

第二：6月21日~6月28日，设计师排期可以完成设计稿，切图提交给前端研发工程师。

第三：6月21日~6月28日，这段时间前端研发工程师开发功能，等设计师把方案做出来后，6月29日~7月6日，完成前端页面开发；第一段时间为两个角色并行工作的时间。

第四：6月21日~7月6日，后端研发工程师进行后端功能开发、接口设计与开发。

第五：7月7日~7月10日，前、后端研发工程师进行程序联调、内测。

第六：7月11日~7月15日，测试工程师对产品进行测试。

第七：7月16日，封版。

第八：预计上线时间为7月17日。

从上面这个例子可以看出，虽然各个节点的时间都很明确，但是仍然会出现项目延期的情况。在大部分情况下项目中的每个人都会负责两个或者两个以上的项目，如果有临时紧急需求加入或者其他项目调整就都会影响当前项目的进度。因此在排期时，通常都会把这些因素考虑在内，在排期的时候预留出可能处理其他问题或者紧急情况的时间，做到有备无患。在把这些问题考虑进去之后，每到项目各个环节的时间节点，产品经理都需要跟进进度，确认进度是否正常，如果有项目延误风险，要及时寻找解决方案。如果项目比较重要或者紧急，还可以每天进行站立会，以天为单位跟进项目进度。项目需求一旦进入开发环节，所做的一切都是为了保证开发质量和开发进度，要尽量做到规避延期。

3. 上线验收

对于上线验收环节，首先要制定项目的验收标准。一般意义上的验收标准可以从以下几个方面考虑：

(1) 是否全部完成了需求文档中的需求。

(2) 在测试环节中发现的重要问题是否都已经得到全部解决。

(3) 紧急、严重的问题必须达到100%修复，普通级别的Bug要尽量解决，对不同的项目可以制定不同的百分比要求。对于优化型需求，可以在项目后期版本迭代完善。

(4) 在验收通过后，项目组各成员如果确定自己负责的环节没有问题，就可以封版准备上线。

2.3 软实力

2.3.1 快速成长的能力

在这个知识爆炸的社会，只有掌握快速学习的能力，才能以不变应万变。产品经理要意识到每天还有很多要学习的知识，要时刻保持一颗好奇心，养成一个成为终身学习者的习惯，并且在陌生环境下，可以迅速切入，而不至于漫无目的地吸收一些碎片化的垃圾信息。

不论是应届生，还是社招的数据产品经理，当进入一家新的公司工作时，能够快速地学习并且掌握新公司的产品逻辑都是必须经历的过程，要能够在原有的产品需求文档的基础上，快速准确地理解产品的主要功能、产品架构、业务流程、底层逻辑等，要以用户思维为导向，作为一个新人，要在使用产品的过程中快速找到需要改进的点，在初步了解了产品逻辑和业务之后，能够发现一些更深层次的问题。例如，你所认为的需要改进的点为什么之前没有改进，是由于技术原因，由于优先级比较低，还是要依赖很多功能才能实现？只有搞清楚历史原因，才能有的放矢。特别是对于一个数据产品新人来说，只有在足够了解产品逻辑之后，自己的意见和建议才能更有说服力，尽量不要出现下面这样的情况：

产品新人小王： "我觉得数据下钻这个功能应该这样优化。"

研发工程师小李： "你的这个方案现在根本实现不了，你考虑过之前的底层逻辑吗？由于系统限制，现有方案是讨论出来的当前最优解。"

研发工程师小张： "这是因为……的数据存储，导致只能用这样的方式，否则改动起来成本太大，开发成本比较高。"

产品新人小王： "哦……"

对于一个产品新人来说，这样是不是很尴尬？在没有了解清楚产品逻辑的情况下就提任何需求，是一种很不负责任的行为。

一个人要想快速成长要从其他优秀的人身上学习闪光点，这些闪光点包括做事的态度、思考的过程、看待问题的角度、说话的方式等。只要你认为能够让你进步，对你有好处就行。在职场，每个人都会有很多的事情要处理，并不是每个新人都会有导师带的，也不要指望有人能够像老师一样一点点地指导你。如果你认为周围所有的人都不如你，发现不到别人的优点，那么你是得不到任何进步的。产品经理要学会发现周围人的优秀特质，学习他们身上的这些优点，并把这些快速变成自己的特质。

产品经理要想快速成长，还要养成复盘总结的习惯。我之前在联想学到了一个总结提升的方法，叫复盘。我做一件事情，无论失败或者成功，都会在事后再重新演练、总结。大到战略，小到具体问题，原来的目标是什么，当时是怎么做的，边界条件是什么，做完了再回过头看是做对了还是做错了，边界条件是否有变化，都要重新演练一遍。我觉得这是提高自己的能力非常重要的一种方式。作为产品经理，我们有必要每个月对每个项目复盘一下，把自己这个月和上个月比，思考的深度和对世界、对行业的认知有没有提升一些，如果没有，那么说明时间被浪费了，要调整自己忙碌的方向。复盘一下项目是否按照计划进行，如果延期了，那么要思考哪里出了问题，要如何改进，以后应该怎样避免。

2.3.2 沟通表达的能力

数据产品经理学会有效沟通非常重要。

例如，在需求评审中，你要学会描述需求。特别是很多产品新人在描述需求的时候吞吞吐吐，其实并不是因为紧张，而是无法准确地表达想要说的内容，这会让周围人产生云里雾里的感觉，这样不仅浪费别人的时间，也会严重影响项目的进度，是无效沟通。

要想把需求描述清楚，一定要想清楚了再说，可以用5W2H方法，把整个需求涉及的问题在自己大脑里过一下。就算在需求评审的时候，有一些问题自己没想清楚，也可以直接明确地告知对方自己要先梳理一下，也好过说一堆不知所云、夹杂着有明显逻辑漏洞的东西。这也从侧面证明了刚才说的学习的重要性，先把自己负责的产品逻辑梳理清楚，快速理解问题，并给出简单、明确的解答，尽量能把问题梳理得有层次、有逻辑。

数据产品经理需要参与各种与产品有关的会议，特别是自己负责的产品，而在一个会议上无效沟通会很多，大家你一言我一语，没有重点，都在讨论一些无关紧要的问题，导致问题越来越发散。这时候，需要产品经理能够把话题带回来，发现核心问题，并围绕核心问题进行讨论，尽量将问题说到点上，这就需要产品经理明确事情的前因、背景、大环境、可行性，并在大脑中提炼自己要表达的东西，做到自己的表述是清晰的，这样才会让沟通更顺畅，会议更高效。

产品需求评审会议如此，与人小范围沟通也是一个道理。有些问题不适合在会上大范围讨论，这时候就需要会下小范围沟通。在沟通前要想明白自己的观点和要表述的事情，然后有条理、层次清晰地把问题表达出来，这样可以减少沟通成本，高效地解决问题，使产品开发推进更快速。

沟通，无它，多想，多看，多说，多总结。

2.3.3 推动项目的能力

要完成一个成功的项目，只有好的项目规划和研发工程师是不够的，还要有一个好的产品经理来推动项目朝着指定的方向前进。因此，评判一个产品经理是否合格，项目推动能力是一个重要的参考标准。项目能够在规定的时间内高质量的交付，需要整个项目团队的配合，同时也需要产品经理的不断推动。很多产品经理在项目遇到困境、停滞不前、没有任何起色的时候，经常会习惯性"甩锅"，例如抱怨研发团队执行力差和技术水平不行、设计部门不配合、测试团队测试得不够仔细等，甚至抱怨领导给的支持力度不够，其实这些都是资源，都是需要产品经理去争取的，产品经理要尽一切可能保证项目顺利进行。

在项目实施过程中，一般都会有需求调研、需求评审、项目执行、产品功能测试、问题修复、项目上线这个过程，中间可能会穿插一些需求变更或者修改方案的情况。产品经理的身影在项目的整个实施周期中无处不在，产品经理要充分发挥项目管理和项目进度跟踪的能力。在项目出现问题时，产品经理还要去协调解决问题，当遇到 UI 和测试等资源不足时，还要进一步去争取资源，协调各个部门保证项目顺利完成，交付一个功能和性能都有保障的产品给用户使用。

小王作为一个数据产品经理新人，在项目的执行过程中，经常会遇到一些问题，影响项目的进度。例如，因为工作经验尚浅，所以当小王碰到一些冲突和难以抉择的困境时，没有信心拍板或者说服其他部门经验丰富的同事。他有时候又觉得自己的想法可能不成熟，缺少信心挑战和阐述自己的观点。其实，一旦你已经确定作为一个项目的负责人，那么你就有职责把这些项目处理好，就应该有不卑不亢的态度和积极的推动意愿，也要有勇气为自己的任何决定负责，拿破仑曾经说过"不想当将军的士兵不是好士兵"，更何况遇到的这些问题是为自己以后做一个合格的"将军"做准备呢。

小王对项目的整体把控能力不到位，没有全局的思维和全局的推动，并且经常会纠结一些细节问题，甚至会对自己难以应对的事情放任不管。这就导致了很多项目参与人员质疑他的能力和这个项目的意义，最终严重影响项目进度，甚至不能交付。所以，既然作为项目的产品经理，就需要深刻理解项目的核心价值和核心目标，并能够在碰到问题讨论时用心处理各种问题，也需要列出所有工作事项，整理好架构并分解好各个模块，同时要分配给每个人，并及时跟进和反馈。

小王在刚入职的时候，没想到有时候约项目评审会议都会给自己带来麻烦，因为召集大家一起评审的时间总会冲突，所以评审会一拖再拖。其实，在高效会议中，参与会议人员的时间肯定会有些冲突，这有很多种处理方法，比如提前两周协调大家的时间，很早或者很晚开这个会，比如协调冲突人员让他信任的人代替他参会等，而不是用时间冲突作为借口，这样会严重影响项目推进。

小王在入职初期的好几次评审会中，发现在会议中无效沟通特别多，大家对一个问题经常争执不下，无法控制会议主题，并且得出的结论在下一次讨论中又被推翻重新讨论。这就需要产品经理引导会议节奏，把握会议方向，有些细节可以放在会议以后线下讨论，从而高效地完成会议。在线下找同事寻求解决方案或者沟通时，一定要在心中牢记自己期待得到的结果，要不然很容易被别人带歪方向，偏离主题。例如，小王在一次评审之前找研发工程师沟通，但是一讨论就偏离了主题，跑到了其他方向，导致在评审会上，还要对这个问题讨论，因为之前的讨论完全没有基于这个问题得出结论。

每次需求评审会也必须要达成一些共识或者产出，否则这个会议就是没有任何效果的，更何况一些复杂、庞杂的项目是很难推动的。这时候产品经理必须变得强势起来，把项目的整体目标转化为整个团队的目标，并能够细分拆解到个人身上，让每个人了解自己的目标，并把每次会议的结论及时同步到每个人，让大家都能了解项目进度和自己起到的作用，让团队认识到项目的意义，提升团队的战斗力。同时，要及时同步项目成果给合作的部门，将项目价值提炼成与他们直接相关的，让他们意识到自己工作的价值和产出，这样会更容易获得认同，有利于项目的推动和以后争取更多的资源。

所以，项目推动能力是一种综合能力，也是产品经理必须要具备的一种能力。产品经理要提炼项目的全局价值，认真拆解项目，把需求具体化，推动项目顺利完成。

2.3.4 数据感知的能力

数据感就是所有做出的判断和结论都基于数据，对数据敏感，而且善于应用数据。其实也比较简单，就是对任何事情、任何看法要有数据作为依据，即用数据说话，而不凭借自己的主观判断。我们来看一个简单的实例，所有喜欢NBA

的朋友都知道詹姆斯和库里，那么如果问詹姆斯和库里在中国谁更"火"呢？

要回答这个问题，首先要明确如何定义"火"，如果说一个 NBA 球员"火"，那么到底指的是什么？是粉丝数多？还是比赛被观看的次数多？还是球衣的销量大？这里我们假定根据粉丝数定义吧，粉丝数多就说明关注的人多，可以用来作为验证一个 NBA 球员有多"火"的标准！在明确了要衡量的指标之后，我们就可以通过数据解决这个问题了。如果你只是和朋友茶余饭后聊天，那么你肯定会根据身边的朋友或者自己的认知想当然地回答这个问题，例如：

你：我觉得詹姆斯更"火"，因为前段时间我看到很多人都在朋友圈发他签约到湖人的信息，他的粉丝一定很多。

而作为库里的球迷，你的朋友显得很不买账，他提出反驳意见。

朋友：前段时间库里率领勇士夺得了总冠军，应该更"火"，我觉得他打球华丽，而且最近还有中国行，也有很多人买他的球衣，难道不是他更"火"吗？

然后双方争执不下，如果你是一个数据产品经理，你想解决这个问题，那么你要怎么办？很简单，用数据说话，图 2-21 是从 2018 年 2 月 1 日到 2018 年 11 月 6 日来自百度搜索指数的数据，展现了 PC 端＋移动端用户的搜索指数。

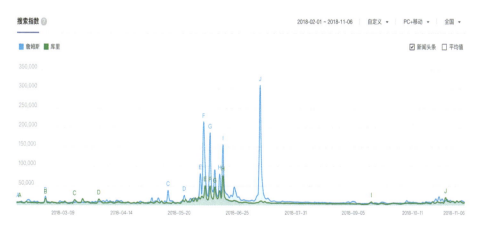

图 2-21　詹姆斯和库里的百度搜索指数曲线

从图 2-21 中的数据来看，詹姆斯在 5—6 月的百度搜索指数大幅领先于库里，即便处于总决赛时期，从搜索指数来看，詹姆斯也更受关注，然后你拿着百度搜索指数的数据成功地说服了朋友，同时你也发现，原来明星的话题性这么强，能够因为某个事件引爆巨大的流量，这就是数据感在实际生活中的一种体现。

当然，这个例子还有一些不完善的地方，例如百度搜索指数是否准确，单独的搜索情况覆盖的人数是否足够多，还有就是单独比较这一段时间会不会偶然性太大等。由此我们发现，对于一个简单的问题"詹姆斯和库里到底谁更'火'"来说，其实背后需要考量的因素有很多，同时也发现数据对我们生活的帮助是很大的，数据越多、越全面将越有助于我们更清晰地认识一件事情。

那么，如何培养自己的数据感呢？

首先，要时常关注数据，对数据敏感。这一点其实我们每天都在做，只不过很多人关注的大部分数据都可能是娱乐性质的罢了，还有一些可能由新闻报道得到。例如，很多人都通过微博或者今日头条等新闻资讯客户端获取数据。比如，小米和美团点评谁又上市了，谁的股票涨了，谁的市值高；哪些明星又发生了什么事，谁偷税漏税了，被罚了多少钱，谁又参演电影了，哪部电影的票房高等。这些其实都是数据，只不过你关注的点大多数是娱乐性质偏多一些的。而数据产品经理更应该关注大数据行业的一些数据，当然你有时间的话也可以去关注一些自己感兴趣的模块，养成查找数据的能力，可以关注更多领域的更多数据，获取更多领域的知识。这就需要我们提升自己查找数据的能力，例如通过百度搜索指数、艾瑞数据、TalkingData、阿里数据、微信搜索指数等，这些网站都有针对一些领域、关键字的数据分析和统计，多查一查、看一看，对于了解感兴趣的事物都是很有帮助的。

其次，多思考数据背后的东西，把数据转化成知识，让数据产生真正的价值。在很多时候，数据可能就是一个冰冷的数字，或者一些简单的折线图等图表，但是经过我们的分析和思考，这些冷冰冰的数字就会转化成挖掘宝藏的钥匙，帮助我们做一些决策分析，让我们更客观地了解事物。我们来看一看拼多多背后的数据。

拼多多上市让很多人都意想不到，甚至有一些人在它上市后才知道拼多多的名字，一个2015年9月才成立的公司，仅仅运营3年便成功上市，活跃用户数突破了3亿个。外界都很好奇为什么拼多多的成长速度这么快，觉得拼多多上的有些商品质量一般，只是通过拼团的方式销售，商品价格比较低。但是，如果我们分析拼多多背后的数据就会发现，拼多多的成功看似不可思议，其实是理所当然的！这些数据背后反映了最真实的用户。

从用户收入来看，大部分用户的人均收入不足3000元，根据国家统计局2017年发布的《中华人民共和国2017年国民经济和社会发展统计公报》数据显示，2017年全国人均全年可支配收入为2.6万元，这样一算人均月可支配收入仅为 2000 多元，我们或许没有意识到这个问题，也没有注意到这个数据，而拼多多的主流用户就是这些三四五线城市的用户，以及大量的乡镇和农村用户。

再从用户消费的品类来看，极光大数据显示，拼多多的用户中约 65% 来自三四五线城市，这些用户的收入都普遍偏低。拼多多平台上销售的货物价格低廉，刚好可以满足这些用户的需求。这些都是生活在"北上广"的人所体会不到的，而在一些小城市仍然有些人经常会发砍价的链接。通过数据我们发现，拼多多能够积累到 3 亿个用户绝非偶然。

最后，要多与人沟通，不要偏执，在相信数据之前，要有勇气否定自己的一些经验和想法，做到时常关注数据，多思考数据背后的东西。现在的互联网时代衍生出了很多新的玩法和新的事物，已经远远超出了我们过去的认知，不要一味地坚持自己的想法而放弃倾听其他人的观点。人在很多时候是很有意思的，特别是越在没有人认同你的观点的时候，就越希望说服别人认同你。在做数据产品经理工作的时候，我们要注意避免这个问题，多沟通而不要固执己见，并要注意沟通的方式，多获取别人的信息和数据。很多时候被别人说服很简单，但是完全接受别人的想法，并说服自己接受是一件困难的事情。放弃偏执，通过交流，获取别人的数据和知识，结合自己的认识，做进一步的决策，这才是一个数据产品经理应该有的态度。

第 3 章　数据分析思维与实践

3.1　数据产品经理和数据分析师的区别

在几年前,很多人都会把数据产品经理和数据分析师混为一谈,有些公司甚至招聘一个岗位来做数据产品经理和数据分析师应该做的事情,对于规模小一点的公司来说,这是可以理解的,毕竟业务规模有限,可以用同一个岗位做与数据相关的工作,以免造成人力浪费。然而,随着大数据的发展,数据产品经理和数据分析师的岗位界限越来越明确,对于这两个职位,很多公司在招聘时都会有明确的岗位要求,这样就会使得应聘人的期望和实际工作是匹配的,让数据产品经理和数据分析师都专注于自己应该负责的事情。

3.1.1　数据产品经理和数据分析师的岗位职责与岗位要求

1. 数据产品经理

1) 岗位职责

(1) 参与市场分析与需求调研,挖掘并梳理用户需求。

(2) 负责公司大数据相关产品的规划,对产品全生命周期进行迭代和优化。

(3) 与数据分析师配合构建数据模型产品,与数据研发工程师配合搭建数据仓库。

(4) 撰写产品文档,跨部门进行资源协调、沟通,推动项目高效执行并高质量上线。

(5) 深度挖掘大数据价值,负责数据变现相关项目。

2）岗位要求

（1）本科及以上学历，计算机、信息管理等相关专业优先。

（2）有一定的项目推动能力，能收集整理日常的业务需求并输出为产品。

（3）对数据敏感，有数据产品相关经验，具备一定的数据分析能力，有技术背景者优先。

（4）能够熟练使用 Axure、MindManager、Visio 等工具。

（5）具有良好的业务思维和沟通协调能力，能与团队一起愉快、融洽地工作。

2. 数据分析师

1）岗位职责

（1）对公司海量用户行为数据进行分析、监控和挖掘。

（2）支持产品团队，利用数据帮助产品团队找到产品优化提升的方向。

（3）与运营团队配合，用数据指导运营团队工作，以数据驱动用户的活跃。

（4）与用户增长团队配合，通过数据方法协助用户增长团队高效地获取用户。

（5）通过海量数据的挖掘和分析，形成报告，汇报给决策层，支持战略规划。

2）岗位要求

（1）本科及以上学历，统计学、应用数学、计算机等相关专业优先。

（2）有一定的数据分析相关工作经历。有 IT 大数据分析经验、咨询公司数据分析经验、互联网数据建模分析经验者优先。

（3）熟练使用 SQL 进行数据的查询与处理，掌握 Hive、R、Python、SPSS 等分析工具者优先。

（4）能快速理解业务，与业务方流畅沟通，能与团队一起愉快、融洽地工作。

3.1.2 数据产品经理和数据分析师需要具备的素质

1. 数据产品经理需要具备的素质

首先，在公司发展的不同阶段，数据产品经理要能够规划并定义适合公司业务发展的数据产品，并能够深刻挖掘需求，推动数据产品的落地与不断优化迭代，这是数据产品经理的核心要求。

其次,数据产品经理应该具备一定的数据分析能力,掌握一定的数据分析思维,这样实现的数据产品才能更向业务靠拢,让用户更容易理解业务。

最后,数据产品经理也是产品经理的一个分支,所以也应该具备产品经理的通用能力,如完成需求原型、总结需求文档、把握需求优先级、管理项目等。

2. 数据分析师需要具备的素质

首先,要对数据敏感,做出的任何分析都基于正确的数据,能够掌握数据分析的常用方法,包括统计知识、模型原理、分析思路等。

其次,能熟练使用常用的分析工具,包括数据库(MySQL、Hive)、常用的办公软件(Excel、R、Python)等。

最后,数据分析师对业务和产品要有深刻的理解,数据分析师的分析都是要结合具体业务的,是为了解决一定的商业问题,只有先定义业务问题,才能通过数据分析的方式解决问题或者发现更多问题。

通过上面的对比可以发现,数据产品经理会把数据分析师的一部分日常工作转换为数据产品,例如用户留存分析展现、用户行为分析及用户画像等,还会实现一些偏向于设计展现数据的大数据分析平台工具等产品,把数据作为一种产品形态输出,更重数据,偏产品设计,需要能够输出给用户可用的数据产品工具。在思维方式上,数据产品经理注重的是用户思维、逻辑思维和产品思维。

数据分析师则主要通过理解业务,通过数据模型或者数据评估方案发现问题或者给出结论,并对产品和运营提出建议,利用数据得出影响产品策略的建议。数据分析师会把数据加工成可以利用的成果,交付数据结论或者报告,或者在大数据分析平台上以报表可视化的方式展现,输出给用户的是一个结论或者是对趋势的判定,业务方会直接使用数据分析师给的结论。因此,数据分析师更重数据,偏分析和业务,需要结合分析和业务,输出可以驱动业务做决策的结论。在思维方式上,数据分析师更偏重于分析思维。

从某种意义上来说,数据分析师和数据产品经理是相互协作的,数据分析师将一些常规化的分析内容、分析报告等固定化为一个模板,然后交付给数据产品经理,数据产品经理会根据用户需求,对模板进行重新梳理,并整理出产品原型和产品方案,交付给研发工程师实现一个可用的数据产品工具让更多的人使用,从而解放了数据分析师的一部分工作,让大家都变得更高效。

但是,无论是数据产品经理还是数据分析师,一切的基础还是数据,只有充分理解业务，挖掘数据价值，才能真正驱动业务发展。不然，数据产品经理实现的产品也不是用户真正想要的，数据分析师给出的结论很可能都是错的，最终可能导致业务做出错误的决策。

数据产品经理需要掌握的数据分析技能，仅仅是要求能够掌握常用的分析方法及技能，不必达到数据分析师的标准。数据分析的能力，不仅是数据产品经理要具备的技能，而且以后也将会成为任何一个职业必备的技能之一。

3.2 数据产品经理常用的分析方法

很多人觉得，做数据产品经理就没有必要掌握数据分析的相关技能了，终于可以远离枯燥的数据分析工作了。如果真这么觉得，那么就大错特错了。一个好的数据产品经理，不仅要有产品意识，还要有好的分析思路，因为一个数据产品需求大部分都是由分析需求固化而来的。很多时候，数据产品和数据分析是分不开的。一个好的数据产品经理，只有掌握了常用的数据分析框架和方法，才能使做出来的数据产品让数据分析师和业务人员使用得更顺手、更贴近业务。

在进行数据分析之前，我一般都会先想一下分析框架和分析方法。数据分析方法一般有常规分析、统计模型分析和自建模型分析。只要掌握了这三种分析方法，就能解决大部分分析需求，并可以把分析需求固化为数据产品。

3.2.1 常规分析

其实很多公司 80% 的分析需求都可以通过常规分析解决，很多数据分析师一般把业务相关数据从 Hive 或者 MySQL 中导入 Excel，然后在 Excel 中通过简单的表格、线图等方式直观地分析数据。常规分析经常会用到同比和环比分析法与 ABC 分析法，即分析对比趋势和分析占比情况。

同比和环比分析应用于数据产品中常见的有业务周报、月报、日报等。例如，以很多互联网公司都关注的核心指标 DAU（日活跃用户数）为例，周报里一般都会计算 DAU 的周环比变化，如果上涨或者下跌得比较大，就要进一步查找、分析业务原因。同比和环比的定义如下：

同比：某个周期的时段与上一个周期的相同时段比较，如今年的 6 月比去年的 6 月，本周的周一比上周的周一等。

$$同比增长率 =（本期数 - 同期数）/ 同期数 \times 100\%。$$

环比：某个时段与其上一个时长相等的时段做比较，比如本周环比上周等。

环比增长率=（本期数－上期数）/上期数×100%。

ABC 分析法一般以某一指标为对象，进行数量分析，以该指标各维度数据与总体数据的比重为依据，按照比例大小顺序排列，并按照一定的比重或累计比重标准，将各组成部分分为 A、B、C 三类。例如，经过长期的观察发现，美国 80% 的人只掌握了 20% 的财产，而另外 20% 的人却掌握了全国 80% 的财产，而且很多事情都符合该规律。于是可以把此规律应用在业务上，合理分配时间和力量到 A 类（即总数中的少数部分），将会得到更好的结果。当然，忽视 B 类和 C 类也是危险的，但是它确实得到与 A 类相对少得多的注意。

例如，在分析支付订单量的数据中，对各个城市的支付订单量做 ABC 分析法进一步分析，如图 3-1 所示，发现武汉、杭州、上海等地的支付订单量占比很大，这样就可以在运营活动中进一步关注占比比较高的城市，重点支持这部分城市的活动推广。

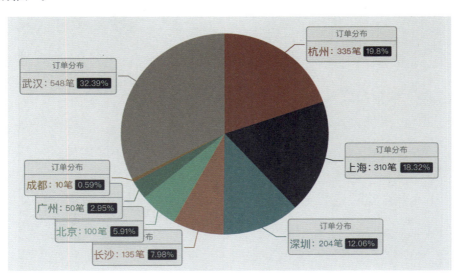

图 3-1　各城市支付订单量占比情况

3.2.2　统计模型分析

当掌握了大量数据时，我们往往希望在数据中挖掘出更多的信息，一般可以应用成熟的模型进行比较深入的分析。例如，我们经常会面对如下的业务场景：

（1）预测产品在未来一年内的日活用户数会按什么趋势发展，预估 DAU。

（2）上线了某个营销活动，预估活动效果、用户参与度情况。
（3）对现有用户进行细分，预估到底哪一类用户才是目标用户群。
（4）在一些用户购买了很多商品后，预估哪些商品同时被购买的概率大。

针对第一个案例，我们要用回归分析，可以理解成几个自变量通过加减乘除或者比较复杂的运算得出因变量，例如预估DAU，因变量是DAU，与它有关的自变量有新增用户、老用户、老用户留存、回流用户等，然后根据历史数据，通过回归分析拟合成一个函数，这样就可以根据未来可能的自变量，进一步得出因变量。现在常用的回归分析主要有线性和非线性回归、时间序列等。

例如，要通过之前的业务支付订单量预测未来的订单量，在排除其他因素干扰的情况下，可以通过简单的线性回归，根据支付订单量的历史值进一步拟合出未来一段时间的支付订单量曲线情况，如图3-2所示。

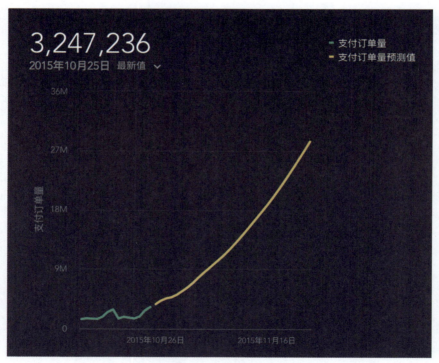

图3-2 用线性回归预测支付订单量

针对第二个案例，我们可以根据以往活动的数据，分析活动的各个影响因素在满足什么情况时才会产生我们想要的效果，并可以把有上线活动时和没有上线活动时的各项数据输入系统中，分类函数就会判断活动效果与哪些因素有关，目前常用的分类分析方法有决策树、朴素贝叶斯算法、KNN 算法、神经网络算法等。

针对第三个案例，我们可以用聚类分析。细分市场、细分用户群都属于聚类问题，这样更方便了解用户的具体特征，从而有针对性地做一些营销等，常见的聚类分析一般有 K 均值聚类、分布估计聚类等。

最常用的聚类分析就是对用户进行分类。首先，要选取聚类变量，要尽量使用对产品使用行为有影响的变量，但是也要注意这些变量要在不同研究对象上有明显差异，并且这些变量之间不存在高度相关。例如，年龄、性别、学历等。其次，把变量对应的数据输入模型中，选择一个合适的分类数目，一般会选拐点附近的几个类别作为分类数目。再次，要观察各类别用户在各个变量上的表现，找出不同类别用户区别于其他用户的重要特征，选取最明显的几个特征，最后进行聚类处理。

针对第四个案例，我们要用关联分析。关联分析在电商中的应用场景比较多，最经典的案例当属啤酒与尿不湿的搭配销售，常用的关联分析有购物篮分析、属性关联分析等。

做关联分析一般要理解频繁项集和关联规则两个概念。频繁项集是经常出现在一起的物品的集合，关联规则暗示两种物品之间可能存在很强的关系。

下面用一个例子说明这两个概念。表 3-1 给出了某杂货店的交易清单。

表 3-1　某杂货店的交易清单

订单编号	商品
00001232	豆奶，莴苣
19923423	莴苣，尿布，葡萄酒，甜菜
22302380	豆奶，尿布，葡萄酒，橙汁
32398403	莴苣，豆奶，尿布，葡萄酒
34895434	莴苣，豆奶，尿布，橙汁

表 3-1 中的集合 {葡萄酒，尿布，豆奶} 就是频繁项集的一个例子。从这个数据集中也可以找到诸如尿布→葡萄酒的关联规则，即如果有人买了尿布，那么他很可能也会买葡萄酒。

另外，为了评估关联分析的效果和可信性，定义了可信度或置信度这两个概念。规则 {尿布} → {葡萄酒} 的可信度被定义为"支持度（{尿布，葡萄酒}）/ 支持度（{尿布}）"，因为 {尿布，葡萄酒} 的支持度为 3/5，尿布的支持度为 4/5，所以"尿布→葡萄酒"的可信度为 3/4。这意味着对于包含"尿布"的所有记录，我们的规则对其中75%的记录都适用。

3.2.3 自建模型分析

当以上两种分析方法都不能满足业务的分析需求时，这时就需要自建模型进行分析。以估算用户LTV（生命周期价值）为例，由于每个公司的业务模式都不太一样，就需要根据自己的业务模式进行自建模型分析，对于一般依靠广告营收的公司，LTV会与用户活跃天数和ARPU（每用户平均收入）值有关，而在ARPU值方面，每个公司都有自己的广告营收模式，所以ARPU值细分后都是不太一样的。自建模型为了满足业务需求，将各个指标灵活地自由组合，从而保证分析的有效性和针对性。

具体来看，LTV=用户平均活跃天数×ARPU值=用户平均活跃天数×（指标1×参数1+指标2×参数2+指标3×参数3+…）。其实，除了用户平均活跃天数需要预测之外，后面的几个指标的值都比较明确，直接输入固定值就可以。

图3-4和图3-5为根据实际留存率和实际ARPU进行截断天数内平均活跃天数预测。

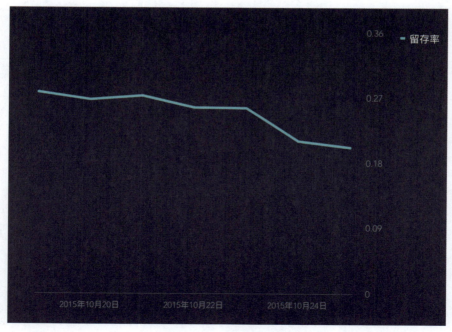

图3-4　留存率曲线

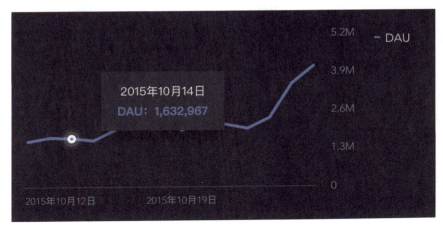

图 3-5 DAU 曲线

（1）输入每日实际留存数，输出 beta（α，β）曲线，要预测哪一天数据就根据 beta 曲线返回对应的值，对于预测非线性拟合，起始点和终点权重较大。

beta 曲线目前分为三类：

① 乐观预估：因 ARPU、DAU 持续上涨导致波动过大，输出值过大。

② 稳健预估：为保证输出值稳定平滑，进行求导数限制。

③ 当前平均预估：在稳健预估无法输出有效值时采用此预估方法，以当前留存和 ARPU 值作为重点，对未来进行预估。

（2）ARPU 值根据实际情况按公式进行每日计算，经过一段时间后 ARPU 值趋于稳定。

（3）通过以上分析，得出 LTV = 留存 $beta_1$ × $ARPU_1$+ 留存 $beta_2$ × $ARPU_2$+ … + 留存 $beta_k$ × $ARPU_k$，可简单理解为 $\sum$（留存 beta × ARPU）。

k 值由模型调用者决定，660 天 LTV 预估同样可由模型调用者进行修改调整。

其实，对于以上的分析方法和思路，数据产品经理只需要掌握基本的 20% 就能解决 80% 的问题，剩下的问题可以交给更专业的数据分析师解决。当然，多学一些分析方法，对以后的数据工作还是很有帮助的。毕竟，数据产品和数据分析是分不开的，都是基于数据需求解决一定问题出发的，选择什么方法解决问题，还是需要深入具体的业务中。

3.3 应用实例

3.3.1 商城积分与 DAU 的关联分析

数据分析师在日常工作中,要经常交付与业务相关的数据分析报告,而写数据分析报告本质上是在设计一个交互页面,要考虑清楚谁在用你的数据分析报告,用户不同,数据展现形式也不同,还要组织你的信息结构,尽量提升信息密度,并选用正确的可视化图形。

数据分析师的数据分析报告,要尽量把最重要的信息放在最上面,让用户能够很快地了解想要的东西,能够掌握分析结论。下面以一份简单的分析报告为例,主要分析商城积分与 DAU 的关联,让读者对数据分析的应用有进一步了解。

1. 背景

(1)领取过积分与未领取过积分的用户的 DAU 和平均停留时长是否有差别?

(2)领取过但未消费过积分与领取过且消费过积分的用户的 DAU 和平均停留时长是否有差别?

2. 结论

(1)用户领取积分,能够有效提高 DAU 和平均停留时长,提高 DAU(↑5.23%)的效果优于平均停留时长(↑3.25%)。

(2)从目前的数据发现,积分的使用/消费并不能明显提高 DAU,对平均停留时长的提高影响更小。

3. 分析思路

(1)用户分为三组。
①未领取过积分的用户。
②领取过但未消费过积分的用户。
③领取过且消费过积分的用户。

(2)分析这三组用户分别在领取/消费前后一周的 DAU 和平均停留时长。

4. 详细数据和分析过程

1) 未领取过积分的用户的 DAU 和平均停留时长

未领取过积分的用户在 3 月 26 日—3 月 31 日和 4 月 16 日—4 月 21 日的 DAU 和平均停留时长分别如表 3-2 所示。

表 3-2 未领取过积分的用户的 DAU 和平均停留时长数据

指标	3 月 26 日—3 月 31 日	4 月 16 日—4 月 21 日	同比增长率
DAU	5000	4500	−10%
平均停留时长	33 分钟	28 分钟	−15.2%

结论：4 月 16 日—4 月 21 日期间未领取过积分的用户的 DAU 减少了 10%，平均停留时长下降了 15.2%。

2) 领取过但未消费过积分的用户的 DAU 和平均停留时长

领取过但未消费过积分的用户（2018 年 4 月 1 日—2018 年 4 月 15 日期间）在领取前后一周的 DAU 和平均停留时长分别如表 3-3 所示。

表 3-3 领取但未消费过积分用户的 DAU 和平均停留时长数据

指标	领取前 （3 月 26 日—3 月 31 日）	领取后 （4 月 16—4 月 21 日）	同比增长率
DAU	10 000	10 523	5.23%
平均停留时长	30 分钟	31 分钟	3.33%

再来看一下领取积分前后，周一到周六 DAU 和平均停留时长的对比情况如图 3-6 所示。其中，蓝色曲线表示领取积分之前的 DAU，红色曲线表示领取积分之后的 DAU，紫色表示领取积分之前的平均停留时长，绿色表示领取积分之后的平均停留时长。

结论：

（1）与领取积分前一周内对比，用户在领取积分后的一周内，DAU 平均增长了 5.23%，平均停留时长增长了 3.33%。

（2）与未领取过积分的用户在同一时期 DAU 和平均停留时长的前后对比可以发现，用户领取积分能够在一定程度上提高用户的 DAU 和平均停留时长，提高 DAU 的效果略好于平均停留时长。

3）消费过积分的用户 DAU 和平均停留时长

消费过积分的用户（2018 年 4 月 1 日—2018 年 4 月 15 日期间）在消费前后一周的 DAU 和平均停留时长分别如表 3-4 所示。

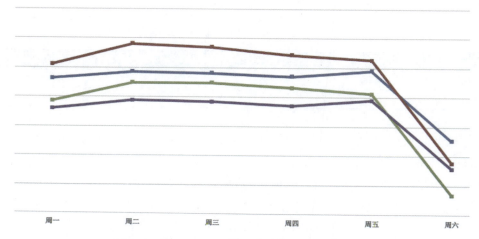

图 3-6　领取积分前后 DAU 和平均停留时长对比

表 3-4　消费过积分的用户的 DAU 和平均停留时长数据

指标	消费前 （3 月 26 日—3 月 31 日）	消费后 （4 月 16 日—4 月 21 日）	同比增长率
DAU	1235	1246	0.9%
平均停留时长	32 分钟	31 分钟	−3.1%

再来看一下消费积分前后，周一到周六 DAU 和平均停留时长的对比情况如图 3-7 所示。其中，蓝色曲线表示消费积分之后的 DAU，红色曲线表示消费积分之前的 DAU，紫色表示消费积分之前的平均停留时长，绿色表示消费积分之后的平均停留时长。

结论：

（1）与消费积分前一周对比，用户在消费积分后的一周，DAU 只增长了 0.9%，平均停留时长下降了 3.1%。

（2）从目前的数据中发现，积分的使用/消费并不能明显提高 DAU，对平均停留时长的影响更小，由于 4 月消费积分的用户数量比较少，可以在消费积分用户数量比较多的时候再进一步比较。

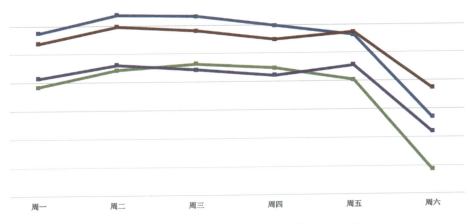

图 3-7 消费积分前后 DAU 和平均停留时长对比

3.3.2 基于时间序列预测订单量

企业在日常经营中，需要预测订单量等数据进一步调控运营策略，提升企业的业务规模。这就要用历史数据预测订单量，接下来我们要讲的是基于时间序列预测的订单量模型。

在高方差（例如，假日和体育赛事）期间进行准确的时间序列预测对于异常检测、资源分配、预算计划和其他相关任务来说非常重要。然而，预测这些变量非常有挑战性，因为极端事件的预测结果取决于天气、城市人口增长和其他导致预测不确定性的外部因素。

为了预测某网约车品牌的订单量数据，采用了一种新型的贝叶斯神经网络结构，该结构因易于引入外生变量和自动特征提取能力而成为流行的时间序列建模框架，通过利用大量数据跨越多个维度，LSTM（Long Short-Term Memory，长短期记忆网络）方法可以模拟复杂的非线性特征，这对于预测极端事件至关重要。当存在异常数据时，预测结果也不会因误差传播而导致误差增大。

首先，进行数据抽取，用于预测的数据来源于以往的历史订单。选取目前开城的所有运营城市至今的日级别有效订单数据，并通过天气预报网站获取历史天气数据和天气预报数据，同时，要把节假日等因素考虑进来，这就需要爬取中国假日办公布的节假日数据。

然后，我们用时间序列特征构建模型，训练数据如下：

（1）采用滑动窗口，选取前 28 天的数据作为一个训练集。在每一个训练集内，通过对训练集进行对数变换，去除样本间波动幅度的影响。

（2）根据经验及数据可得性，构建最高温、最低温等天气特征和节假日特征这两个外部特征。

（3）构建模型。对于模型结构，使用 RNN autoencoder + DNN Regression，RNN autoencoder 可以用于降维，提取特征，然后再使用深度学习 DNN 构建回归模型，更多相关内容可以参考 2017 年 Uber 发表在 IEEE ICDMW 上的文章 *Deep and Confident Prediction for Time Series at Uber*。

通过样本训练以后发现，预测准确性和城市的订单量以及开城时间没有必然关系，整体的误差小于 7 天滑动预测的误差，通过与真实数据对比，模拟整体误差率在 10% 左右，对未来订单量的预测有一定的指导意义。以上只是简单介绍了基于时间序列的订单量预测，后续可以通过增加样本训练，继续优化模型，进一步指导业务做决策。

第 4 章 数据仓库理论与应用

4.1 了解大数据基础 Hadoop

4.1.1 Hadoop 三驾马车

Hadoop 是一个分布式系统基础架构，现在被广泛地应用于大数据平台的开发，对处理海量数据有着其他技术无可匹敌的优势。HDFS（Hadoop Distributed File System）、MapReduce 与 HBase 被誉为分布式计算的三驾马车。Hadoop 基本架构的底层是 HDFS，上面运行的是 MapReduce、Tez、Spark，再往上封装的是 Pig 和 Hive，Hadoop 的三大核心设计可以简要地表示为图 4-1。

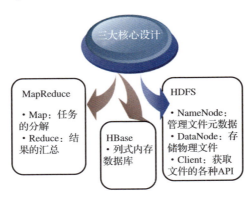

图 4-1　Hadoop 核心设计

Google File System 是文件存储系统，主要用来解决数据存储的问题，采用多台分布式机器，使用灾难冗余的方式，既做到了数据读写速度的提升，同时又能保证数据的安全。大数据技术首要的要求就是先把数据存下来，HDFS 为了解决存储的问题,把大量的数据用成千上万台机器存储,而用户在前端看到的只是一个文件系统,而不是许多文件系统,这是一种对用户友好的处理方式。比如,用户要获取 /hdfs/tmp/mydata 的数据,虽然使用的是一个路径,但其实数据会分布式的存储在不同的机器上,而用户根本不知道到底存储在哪些机器上,当然也没有必要知道,这种处理方式就像在我们的个人电脑上,你不用关心文件到底存储在磁盘的哪个扇区中。HDFS 会集中管理数据,用户只需要把精力花费在如何使用和处理数据上。

图 4-2 微信热点小时级更新数据

在解决了数据存储的问题之后,如何更高效地处理数据呢?如果让一台机器处理 TB 级或者 PB 级的数据,那么可能会花费几天甚至几周的时间,而这对于很多公司的业务来说是不可接受的。例如,图 4-2 所示为微信搜一搜中的微信热点功能,需要小时级地更新数据,就需要很快的数据处理速度。

而 MapReduce /Spark 就是为了解决这个问题,它可以给并行处理任务的计算机分配的任务更加合理,并负责任务之间的通信,以及数据交换等工作。MapReduce /Spark 提供一种可靠的、能够运行在集群上的计算模型。MapReduce 会把所有的函数都分为两类,即 Map 和 Reduce。Map 会将数据分成很多份,然后分配给不同的机器处理;Reduce 把计算的结果合并,得到最终的结果。

但是如果直接使用 MapReduce 的程序,会发现使用门槛比较高,Hive 和 Pig 基于 MapReduce 的基础封装出一个更友好、更简单的方式,可以很容易地实现 MapReduce 程序。Pig 以类似脚本的方式实现 MapReduce,Hive 以 SQL 的方式实现。Hive 和 Pig 会把脚本或者 SQL 自动翻译成 MapReduce 程序,然后交给计算引擎执行计算。数据分析师由于经常使用 SQL,所以 Hive 的使用门槛就变得更低,而且 Hive 的代码量比较少,一两行的 SQL 语句就可以解决很多问题,而如果使用 MapReduce,可能需要上百行。所以,Hive 得到越来越多的人青睐,并逐渐流行起来。

图 4-3 有助于从大致框架和结构上理解 Hadoop。

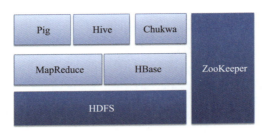

图 4-3 Hadoop 体系架构

现在的 Hadoop 已经从上面提到的 Hadoop 三驾马车逐渐发展为 60 多个相关组件构成的庞大生态家族，其中在各大发行版中就包含 30 多个组件，包含了数据框架、数据存储和执行引擎等。

图 4-4 中包含了目前最流行的两个大数据处理框架 Hadoop 和 Spark。Spark、Spark MLib、Spark GraphX 和 Spark Streaming 组成了 Spark 生态圈，其余部分组成了 Hadoop 生态圈组。这两个框架之间的关系并不是互斥的，它们之间既有合作、补充，同时又存在竞争。例如，Spark 提供的实时内存计算，会比 Hadoop 中的 MapReduce 速度更快。但是，由于 Hadoop 更加广泛地应用于存储，Spark 也会依赖 HDFS 存储数据。虽然 Spark 可以基于其他系统搭建实现，但也正是因为它与 Hadoop 之间的这种互相补充的关系，所以 Spark 和 Hadoop 经常搭配在一起使用。

除了 Hadoop 体系架构那些基础工具外，数据产品经理还需要对以下几个基础工具做一些了解。

（1）Spark。Spark 是一个开源的集群计算环境，上文也讲了，Spark 与 Hadoop 之间既相互补充，又相互竞争。Spark 启用了内存分布数据集，在处理某些工作负载方面表现得更加优越，交互也会更加友好。

（2）Kafka。Kafka 是一种高吞吐量的分布式发布订阅消息系统，它可以处理各大网站或者 App 中用户的动作流数据。用户行为数据是后续进行业务分析和优化的重要数据资产，这些数据通常以处理日志和日志聚合的方式解决。

Kafka 集群上的消息是有时效性的，可以对发布上来的消息设置一个过期时间，不管有没有被消费，超过过期时间的消息都会被清空。例如，如果过期时间设置为一周，那么消息发布上来一周内，它们都是可以被消费的，如果过了过期时间，这条消息就会被丢弃以释放更多空间。

图 4-4　Hadoop 生态圈

（3）Storm。Storm 主要应用于分布式数据处理，包括实时分析、在线机器学习、信息流处理、连续性的计算、ETL 等。Storm 还可以应用于实时处理，被称为实时版的 Hadoop，每秒可以处理百万级的消息，并且 Storm 可以保证每个消息都能够得到处理，具有运维简单、高度容错、无数据丢失、多语言的特点。

（4）HBase。HBase 是一个构建于 HDFS 上的分布式、面向列的存储系统。以 Key-Value 对的方式存储数据并对存取操作做了优化，能够飞快地根据 Key 获取绑定的数据。例如，从几 PB 的数据中找身份证号只需要零点几秒。

（5）HUE。HUE 是 Cloudera 的大数据 Web 可视化工具，主要用来简化用户和 Hadoop 集群的交互。可以在 Web 页面把数据从 HDFS 等系统导入 Hive 中，可以直接通过 HUE 以 HiveQL 的方式对数据查询展现。同时，还可以保存 SQL 语句，并查看和删除历史 SQL 语句，对于查询后的数据，可以选择表格、柱状图、折线图、饼状图、地图等多种可视化图形展现，操作十分简单，如果想继续分析，可以使用下载功能下载保存为 Excel。

同时，任务的执行进度、执行状态、执行时间等执行情况，都会以 Web 可视化的方式展现给用户，同时还能够查看错误日志以及系统日志等。如果小规模的公司没有自己的大数据管理平台，那么它们还可以通过 HUE 查看元数据信息、任务调度执行情况等，方便对数据资产及调度进行管理查找等操作。

（6）Oozie。Oozie 是一个工作流调度系统，统一管理工作流的调度顺序、安排任务的执行时间等，用来管理 Hadoop 的任务。Oozie 集成了 Hadoop 的 MapReduce、Pig、Hive 等协议以及 Java、Shell 脚本等任务，底层仍然是一个 MapReduce 程序。

（7）ZooKeeper。ZooKeeper 是 Hadoop 和 HBase 的重要组件，是一个分布式开放的应用程序协调服务，主要为应用提供配置维护、域名服务、分布式同步、组服务等一致性服务。

（8）YARN。Hadoop 生态有很多工具，为了保证这些工具有序地运行在同一个集群上，需要有一个调度系统进行协调指挥，YARN 就是基于此背景诞生的资源统一管理平台。

4.1.2　其他常用工具

除了上面介绍的基础工具之外，以下是一些常用工具。

（1）Elasticsearch。Elasticsearch 是基于 Lucene 的搜索服务器，提供了一个基于多用户的分布式全文搜索引擎，基于 RESTful Web 接口。Elasticsearch 作为 Apache 许可条款下的开放源码发布，是当前流行的企业级搜索引擎。Elasticsearch 主要应用于云计算中，能够实现实时搜索，具有稳定、可靠、快速、安装和使用方便的特点。

（2）Memcached。Memcached 是一个开源的、高性能、分布式内存对象缓存系统，基于内存的 Key-Value 存储，解决了大数据量缓存的问题，主要应用于减轻数据库负载。它通过在内存中缓存数据查询结果，减少数据库访问次数来提高动态网址应用的速度。同时，因为它足够简洁而强大，便于快速开发，所以得到了广泛的应用。

（3）Redis。Redis 是开源的可以基于内存同时也可以持久化的日志型 Key-Value 数据库，它使用 ANSI C 语言编写，支持网络，并提供多种语言的 API。与 Memcached 类似，为了保证查询速度和效率，数据都是缓存在内存中的，区别的是 Redis 多了一步持久性操作，会定期把更新的数据写入磁盘或者文件中，并且在此基础上实现主从模式的数据同步。正是因为 Redis 的这一点，它可以很好地弥补 Memcached 这类单纯基于 Key-Value 存储的不足，在一些应用场景中，可以配合关系型数据库一起使用，同时对关系型数据库起到了很好的补充作用。

4.2 大数据平台层级结构

大数据平台架构如图4-5所示，根据大数据平台架构中流入和流出的过程，可以把其分为三层——原始数据层、数据仓库、数据应用层。原始数据层，也叫ODS（Operational Data Store）层，一般由基础日志数据、业务线上库和其他来源数据获得。数据仓库的数据来自对ODS层的数据经过ETL（抽取Extra，转化Transfer，装载Load）处理。ETL是大数据平台的流水线，也可以认为是平台的血液，它维系着平台中数据的新陈代谢，而大数据平台日常的管理和维护工作的大部分精力就是保持ETL的正常与稳定。

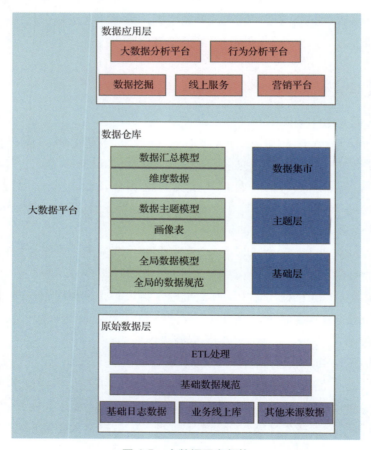

图4-5 大数据平台架构

数据仓库的主要功能是以ODS层数据为基础，通过逻辑加工产出数据仓库主题表。数据仓库又细分为基础层、主题层和数据集市，后面的章节会详细介绍。

ODS 层的特性较着重于查询，变动性大。数据仓库通常为企业层级，用来解决及时性、临时性的问题，数据集市则较偏向解决特定业务的问题，部分采用维度模型。

数据应用层主要用于处理消费数据仓库的数据，后面介绍的大数据分析平台和行为分析平台等都是数据应用层的典型示例。

4.2.1 ODS 层

ODS 全称为 Operational Data Store，翻译成中文为操作型数据存储，是面向主题的、集成的、可变的、反映当前数据值的、详细的数据的集合，用来满足企业综合的、集成的和操作型的处理需求。

对于 ODS 层而言，客户端用户操作日志是一个主要的数据来源，它是分析 App 和产品优化的基础；另一部分来源于业务的数据库，例如订单的交易情况。ODS 层的表通常包括两类，一类用于存储当前需要加载的数据，另一类用于存储处理完后的历史数据。历史数据一般保存 3~6 个月后需要清除，以节省空间。但不同的项目要区别对待，如果源系统的数据量不大，可以保留更长的时间，甚至全量保存。

ODS 层是当前的、不断变化的数据，而数据仓库保留的是历史的、不再变化的数据，所以一般来说会落后 ODS 层一天或一天以上的数据。ODS 层按分钟级别捕捉生产系统的数据变化，然后可以每天将归档后的数据加载到数据仓库中，归档的标记为这条记录是否已完成。

那么，为什么需要 ODS 层呢？一般在带有 ODS 层的系统体系结构中，ODS 层具备以下几个作用：

（1）在业务系统和数据仓库之间形成一个隔离层。

一般的数据仓库应用系统都具有非常复杂的数据来源，这些数据存放在不同的地理位置、不同的数据库、不同的应用之中，从这些业务系统中对数据进行抽取并不是一件容易的事。因此，ODS 层用于存放从业务系统中直接抽取出来的数据，这些数据从数据结构、数据之间的逻辑关系上都与业务系统基本保持一致，因此在抽取过程中极大地降低了数据转化的复杂性，而主要关注数据抽取的接口、数据量大小、抽取方式等方面的问题。

（2）转移一部分业务系统细节查询的功能。

在数据仓库建立之前，大量的报表、分析是由业务系统直接支持的，在一些比较复杂的报表生成过程中,对业务系统的运行产生了相当大的压力。ODS 层的数据在粒度、组织方式等方面都保持了与业务系统的一致,那么原来由业务系统产生的报表、详细数据的查询自然能够从 ODS 层中进行,从而降低了业务系统的查询压力。

(3) 完成数据仓库中不能完成的一些功能。

一般来说,在带有 ODS 层的数据仓库体系结构中,数据仓库所存储的数据都是汇总过的数据和运营指标,并不存储每笔交易产生的详细数据,但是在某些特殊的应用中,可能需要对交易详细数据进行查询,例如跟踪埋点错误的问题,这时就需要把详细数据查询的功能转移到 ODS 层完成,而且 ODS 层的数据模型按照面向主题的方式存储,可以方便地支持多维分析等查询功能。即数据仓库从宏观角度满足企业的决策支持要求,而 ODS 层则从微观角度反映细节交易数据或者低粒度的数据查询要求。

4.2.2 数据仓库

数据仓库(Data Warehouse,DW)是为了方便企业快速做各种业务决策提供数据支撑而构建的集成化数据环境。有一句话能很好地体现数据仓库的这一点,数据仓库本身并不"生产"任何数据,同时自身也不需要"消费"任何数据,数据来源于外部,并且开放给外部应用,这也是为什么叫"仓库",而不叫"工厂"的原因。

数据仓库主要有以下三个特点:

(1) 数据仓库是面向主题的,它会按照一定的主题进行组织。主题是指业务方使用数据仓库决策时所关心的重点方向,一般会根据业务线情况划分。

(2) 数据仓库是集成的,数据仓库中的数据可能来源于多个数据源,数据仓库会将需要的数据从中抽取出来,然后进一步转化、清洗,再集成到数据仓库中。

(3) 数据仓库是不可更新的,数据仓库主要是为业务提供分析决策的数据,因此,对数据的主要操作都是查询。

数据仓库的数据要为业务提供快速高效的分析,因此数据仓库只有满足一些要求,才能方便使用:

(1) 效率足够高。数据仓库的分析数据一般分为日、周、月、季、年等,可以看出,以日为周期的数据要求的效率最高。

(2) 数据质量。数据仓库处理流程通常分为多个步骤，包括数据清洗、转换、装载等，如果数据质量控制不好，导致出现脏数据，就会影响整个数据仓库的质量，如果基于错误的数据做分析，就可能导致做出错误的决策。

(3) 可扩展性。可扩展性主要体现在数据建模的合理性，便于以后因为业务规模发生变化而不用重复造轮子。

根据数据仓库处理的数据层次不同，数据仓库主要分为基础层、主题层、数据集市这三层。

1. 基础层

基础层的主要作用是对 ODS 层的数据进行轻度汇总，产出轻度汇总明细、维度表、码表、事实集等一些基础数据。

这里通过建模的方式，对数据进行多个模型的处理，数据模型是抽象描述现实世界的一种工具和方法。首先，生成业务模型，主要解决业务方面的分层，然后完成领域模型，基于业务模型的基础进行抽象处理。接着，将领域模型的实体与实体的关系进行数据库层次的逻辑化，也就是所谓的逻辑建模。最后，生成物理模型，用来完成对不同关系型数据库的物理化以及性能等具体技术问题。数据模型的层次划分如图 4-6 所示。

图 4-6　数据模型的层次划分

因此，在整个数据仓库的基础层模型设计中，要在了解业务的基础上，掌握过硬的技术，能够构建一个既合理又高效的模型，需要相当丰富的行业经验。数据产品经理在这方面只需略知皮毛，至于如何针对我们的业务进行抽象、处理、生成各个阶段的模型，还是交给更专业的数据仓库工程师来做吧。

2. 主题层

主题层为数据的高度聚合层，按照一定的维度和业务逻辑，对一类数据进行聚合，主要生成画像表和主题表。主题层的数据来源是基础层和 ODS 层。

数据模型的建设、维度的选择是为了满足数据主题的需求，这层数据是面向主题组织数据的。从数据粒度来说，这层的数据是轻度汇总级的数据，已经不存在明细数据了。从数据的时间跨度来说，主题层通常是基础层的一部分，主要的目的是满足用户分析某个主题的需求。从分析的角度来说，用户通常只需要分析近几年（如近三年）的数据即可。从数据的广度来说，主题层仍然覆盖了所有业务数据。

例如，在共享单车的数据仓库设计中，通常根据业务将主题层分为用户主题、车辆主题、支付主题、行程主题等，为了平衡业务前台的快速变化与数据仓库稳定性的需求，在设计主题层的时候，通常要与业务中台保持一致。

3. 数据集市

数据集市（Data Mart）也叫数据市场，主要功能是将主题层和基础层的数据按各业务需求进行聚合，生成宽表和Cube，并直接推送给数据分析和业务部门使用，例如直接推送表数据至MySQL数据库。数据集市由很多非常宽的表组成，比如GMV（网站成交金额）的表，除了包含订单和金额等必需的字段，还包含可能使用的SKU（库存量单位）产品信息、用户基本信息等，是数据仓库的核心组成部分。

数据集市是数据仓库的一部分，主要面向各业务部门使用，并且仅面向某个特定的主题。为了解决灵活性和性能之间的矛盾，数据集市可以被理解为一种小型的主题或业务级别的数据仓库。数据集市会根据业务的主题情况，存储为特定用户预先计算好的数据，从而满足性能方面的要求。因此，数据集市可以在一定程度上缓解访问的速率瓶颈。

数据集市会根据不同的业务主题划分来满足业务信息需求，一个合格的数据集市应该具备如下特点：

（1）数据集市表是为了解决特定业务需求的，更具有面向主题性。

（2）在更多情况下，数据集市支持离线数据，在一般情况下，业务经常使用的是 T+1 数据，即今天看昨天的数据。

（3）数据来源于多个方面，比如业务订单数据、前端用户使用数据以及外部来源数据等。

（4）查询时间尽量短，为分析和查询尽快响应。

数据集市中数据的结构一般是星型结构或者雪花结构，而星型结构通常由事实表和维度表构成。

（1）事实表。事实表用于记录数据集市表中的详细数据。在共享单车企业中，用于记录用户骑行的数据是典型的最密集的数据；在银行中，与账目核对和自动柜员机有关的数据是典型的最密集的数据；对于零售业而言，销售和库存数据是最密集的数据。事实表会首先把多种类型的数据连接在一起。例如，一个订单、一次骑行等都会以主键的方式存储在表中,然后与维度表的主键关联。因此,事实表是高度索引化的,表中经常会出现几十条索引,甚至有时事实表的每列都建了索引,这样在查询时速度会进一步提升。

(2) 维度表。维度表是围绕事实表建立的。维度表里的数据主要用来存储维度数据,主要是一些非密集型数据,包括客户端的版本、操作系统、车型等。

如何设计数据集市呢?其实,这更应该是数据仓库工程师的任务,数据产品经理仅仅了解就可以了。例如,大概了解数据集市表在设计时要遵循的原则:

(1) 数据表的名字需要明确地显示出业务属性和更新频率等信息,如 dwm.dw_user_baseinfo_d,表示 [集市库].[生产方:dw]_[主题:user]_[细分主题:基础信息]_[更新频率:daily])。

(2) 字段名称需要体现一定的业务属性,避免二义性。

(3) 字段值规范化,如统一大小写、空值转化为 NULL、异常时间戳处理、测试数据清理等。

(4) 对于低频更新的表,需要使用快照表,屏蔽更新频率对数据使用方的影响,增加依赖等级;对于弱依赖等级的数据,使用快照表的方式降低更新未完成的风险,便于提前调度时间。

(5) 对于需要关注变化的表,需要做拉链表,维护历史状态。

(6) 在日志数据中,需要保留数据仓库的处理时间,便于后续统计。

(7) 需要保留每个表的元数据信息,丰富数据字典,且需要采用相同的方式,确保血缘关系可通过解析生成。

数据集市是数据仓库的核心组成部分,正是因为它的存在,数据准确性和取数效率有了很大的提升。

(1) 提升数据准确性。因为在建立面向主题的数据表之后,不用再根据不同的需求建立不同的结果表,所以发生错误的概率会大大降低。

(2) 提升取数效率。因为是面向主题的,所以需要的任何数据都可以从数据集市层的表中直接简单获取。

4.2.3 数据的应用

大数据的分析应用主要分为以下三种形式。

第一种是描述性分析应用。主要用来描述所关注的业务的数据表现,主要关注事情表面发生了什么,在数据分析之后,把数据可视化展现出来,让用户可以了解业务的发展状况。

第二种是预测性分析应用。在描述性数据的基础上，根据历史数据情况，在一定的算法和模型的指导下，进一步预测业务的数据趋势。例如，美国历年的总统大选预测结果、天气预报预测天气等都属于预测性分析。

第三种是指导性分析应用。基于现有的数据和对未来的预测情况，可以用来指导完成一些业务决策和建议，例如为公司制订战略和运营决策，真正通过数据驱动决策，充分发挥大数据的价值。

如果单纯以数字的形式把数据展现给用户，那么可视化程度很低，使用者很难理解和快速获取信息，而大数据分析平台、用户行为分析平台这种平台化的产品，可以把上面提到的三种形式的分析数据以表格、折线图、地图等可视化方式展现给用户，降低数据展现的门槛，提高数据的获取效率。可见，大数据分析平台和用户行为分析平台等是面向用户的最上层的应用，能够帮助用户更全面地认识数据，后面的章节将会对这些平台进行更详细的介绍。

在各行各业中，大数据的应用无处不在，包括电商、汽车、餐饮、媒体、能源和娱乐等在内的社会各行各业都已经融入了大数据的印迹，大数据在各个行业中的应用也会在后面的章节详细介绍。大数据的价值在于应用，只有真正地把数据用起来，才能通过数据驱动业务发展，让放在数据仓库里的数据流动起来，源源不断地输出价值。

4.3 数据埋点

数据埋点，是一种常用的数据采集方法。埋点是数据的来源，采集的数据可以帮助业务人员分析网站或者 App 的使用情况、用户行为习惯等，是后续建立用户画像、用户行为路径等数据产品的基础。

4.3.1 埋点方式

前端的埋点方式主要分为代码埋点、可视化埋点、无埋点三种。

1．代码埋点

代码埋点主要由 App 研发工程师手工在程序中写代码实现，通过触发某个动作后程序自动发送数据。优点：具有很强的灵活性，可以控制发送的时机和发送方式等。缺点：人力成本较高，需要研发工程师手工开发程序，有时候还要依赖 App 发版来生效。

2. 可视化埋点

可视化埋点以前端可视化的方式记录前端设置页面元素与对其操作的关系，然后以后端截屏的方式统计数据。优点：简单、方便，能够快速地埋点。缺点：比较受限，上报的行为信息有限。

3. 无埋点

无埋点绑定页面的各个控件，当事件触发时就会调用相关的接口上报数据。优点：不需要埋点，方便、快捷、省事。缺点：传输数据量比较大，需要消耗一定的数据存储资源。

其实数据埋点不仅有客户端前端埋点，还有服务器后端埋点，它能够收集不在 App 内发生的行为，只要有网络请求就可以记录下来，它能够实时收集，不存在延时上报的问题，但是没有网络就很难收集到数据，这也是服务器后端埋点的一个弊端。

因此，很多公司都会结合客户端前端埋点和服务器后端埋点两种方式一起埋点，服务器后端数据实时性强、很准确，用户需要请求服务器的关键业务量最好均使用服务器后端埋点，如在线播放、游戏安装等。例如，要根据埋点数据统计中奖用户信息，显然服务器后端数据更合理，客户端前端数据可能会漏掉部分中奖用户，导致用户投诉；客户端前端数据很全，记录了用户绝大多数的操作行为，其他非关键业务量或者不需要请求服务器的行为可以使用客户端前端埋点。服务器后端埋点和客户端前端埋点各有优劣，应该两种数据都同时存在，可以相互印证，当一方数据发生重大问题时可以通过另一方发现。同时，数据也能互补，如一方数据采集突然有问题了，可以用另一方数据替代。但是，由于前端埋点和后端埋点的埋点方式不同，统计的数据难免有差异，不要纠结于两者的数据为什么对不上，而更应该结合两者互相验证。

4.3.2 埋点事件

在记录埋点信息时，主要的埋点事件分为点击事件、曝光事件和页面停留时长三类。

1. 点击事件

用户每点击页面上的一个按钮一下都会记录一次数据，如图 4-7 所示的美团主页资源位的"酒店住宿"按钮，当用户点击一次"酒店住宿"按钮时，便会统计一次点击事件。

图 4-7　酒店住宿点击事件

2. 曝光事件

当用户成功地进入一个页面时记录一次数据，当刷新一次页面时也会记录一次数据，如果通过手机 Home 键切换出去，则不会记录，因为已经脱离了 App，此处记录也没有太大的分析价值，记录上来可能污染数据。如图 4-8 所示，如果用户进入酒店住宿页面，那么便会上报一次酒店住宿的曝光事件。

3. 页面停留时长

页面停留时长主要用来记录用户在一个页面的停留时间，它可以通过记录用户进入页面的时间 t_1 和离开页面的时间 t_2 计算，计算公式可以简单地表示为：用户停留时间 = 离开页面时间 t_2 - 进入页面时间 t_1。还以酒店住宿页面为例，当用户进入页面的时候记录一个时间 t_1，当逛完离开后记录一个时间 t_2，t_2-t_1 就是用户在酒店住宿页面的停留时长。

图 4-8　酒店住宿页面曝光事件

4.3.3　数据埋点实例

现在 App 端的数据埋点一般采取 Key-Value 的形式，Key 一般表示某个事件，Value 代表相对应的值，一个 Key 可以对应一个 Value 或者多个 Value。

在埋点过程中，同种属性的多个事件要命名成一个埋点事件 ID，并以 Key-Value 的形式区分。不同属性的多个事件应该命名成多个埋点事件 ID，此时也尽量不用 Key-Value 的形式埋点。

我们来看一个例子，就能明白这个原则的重要性。

例如，美团上线了活动 A 和活动 B 两个活动，都在酒店和旅游的入口页面进行了 Banner 展现，想要知道这两个活动的用户访问情况，应该如何埋点呢？

小李和小王针对这个问题分别设计了两种埋点方案，我们分别看一下两者的方案，如图 4-9 所示。

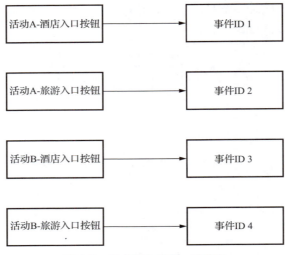

图 4-9 每个埋点代表一种事件

小李经过梳理得出：在活动 A 页面有两个按钮，一个是酒店入口按钮，另一个是旅游入口按钮；在活动 B 页面有两个按钮，一个是酒店入口按钮，另一个是旅游入口按钮。根据活动页面来源的不同与事件类型的不同，埋点事件分为 4 个，每一个埋点事件代表一种情况，如表 4-1 所示。

表 4-1 小李的埋点文档

功能	用户行为	事件类型	事件 ID	描述	备注
活动 A	活动 A 点击酒店入口按钮	点击	ActivityA_Hotel_EnterPage	点击活动 A 的酒店入口按钮，点击一次记录一次数据	
活动 A	活动 A 点击旅游入口按钮	点击	ActivityA_Travel_EnterPage	点击活动 A 的旅游入口按钮，点击一次记录一次数据	
活动 B	活动 B 点击酒店入口按钮	点击	ActivityB_Hotel_EnterPage	点击活动 B 的酒店入口按钮，点击一次记录一次数据	
活动 B	活动 B 点击旅游入口按钮	点击	ActivityB_Travel_EnterPage	点击活动 B 的旅游入口按钮，点击一次记录一次数据	

小李的这种方法看上去可以达到目的，可是随着活动投放的入口越来越多，

每增加一个入口，就需要不断增加事件ID，这样不但工作量会越来越大，而且维护成本和后期数据处理成本都很高，所以不建议采用。

我们再来看看小王的思路。如图4-10所示，他使用Key字段表示以后业务分析时的维度，使用Value字段表示在不同维度下对应的维度的唯一值，这样进行有组织的归纳，可以将不同维度下的不同参数有效地区分出来。通过Key-Value的形式，然后结合事件类型，最后形成埋点日志时的事件ID。即使以后增加更多的活动入口页面，也只需要在当前Key-Value的基础上，在Key维度下Page对应的Value中增加更多的值就可以了，这样会方便、灵活很多。在以后的数据分析应用中，这样就可以根据各维度（Key）下不同参数（Value）组成事件ID，高效地查找到相应事件的相关数据。

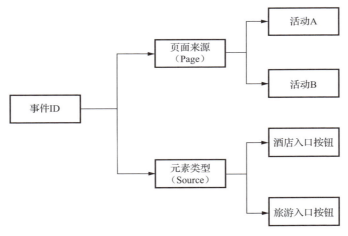

图4-10　Key-Value形式设计埋点

这样，小王就可以通过Page、Source、ActionType确定一个时间，例如点击了活动A页面的酒店入口按钮，就可以表示为ActivityA_Click_HotleButton，那么埋点文档就可以简单梳理为表4-2所示的形式。

小王通过梳理逻辑关系，把同属性的埋点事件用一个总事件ID表示，结合Key-Value细分不同维度下的不同参数，方便日后数据分析。此方式很好地解决了小李面临的问题，不仅如此，还具备以下优点：

（1）维护成本低，更加简单高效，新增时只需要在更新埋点文档时加一个Value参数即可。

（2）易理解，减少沟通成本，提高其他业务人员、数据分析师根据埋点日志进行查询和分析的效率。

表 4-2　小王的埋点文档

功能	用户行为	事件类型	事件 ID	Key	Value	描述	备注
统计酒店入口和旅游入口两个按钮的点击事件	在不同页面点击酒店入口和旅游入口按钮	点击	ActivityA_Click_HotleButton	Page	ActivityA	进入页面 A 记录一次	
					ActivityB	进入页面 B 记录一次	
				Source	HotelButton	点击酒店入口按钮记录一次	
					TravelButton	点击旅游入口按钮记录一次	

（3）扩展性好，对未来上线新活动或者业务的调整等更加灵活，可以很容易在原有基础上扩展。

4.4　指标字典

4.4.1　指标字典的基本概念

指标字典，是业务数据标准化的基础，目的是对指标进行统一管理，方便共享，达成对业务指标的共识，并且统一修改和维护。指标字典可以更新在 Excel 或者 Wiki 中。如果有足够多的资源，那么开发指标管理模块可以放在数据管理系统中，再配合血缘关系，就更方便追踪数据流转了。

设计指标字典的主要目的有以下四个：

（1）规范维度和量度命名，命名规则要尽量做到明确、通用、易懂。

（2）对维度或量度统一计算口径，避免歧义。

（3）涵盖尽可能多的关注的核心维度和量度，以此为基础推动数据建设，确保指标字典里覆盖的维度都可区分、指标都可统计。

（4）基于指标字典，将核心维度和量度注入元数据中心，接入指标提取工具，后续实现不需要写 SQL 语句即可完成自助查询及分析需求。

可见，指标字典的建立，是搭建数据平台的基础。

下面我们分别看一下指标、量度和维度的相关概念。

1. 指标

定义：衡量目标的方法。

构成要素：维度＋汇总方式＋量度。

（1）维度回答从哪些角度去衡量的问题。

（2）汇总方式回答用哪些方法去衡量的问题。

（3）量度回答目标是什么的问题。

2. 量度

定义：量度是对一个物理量的测定，通常以数字＋计量单位表示。比如，金额、份额、次数、率。

我们做一个相关思考：

提问：数据是什么？

> **脑洞时刻**
>
> 请看问题：你有没有"2"？
>
> 第一反应："2"是什么？"2"是指你有没有2元钱，你有没有2次出国经历，还是你有没有2张电影票？
>
> 回答：数据＝数字＋计量单位。

3. 维度

定义：维度是看待事物的视角与方向。

我们做一个相关思考：

提问：怎么衡量一个人？

> **脑洞时刻**
>
> 请看问题：你认为哥哥我是个什么样的人？
>
> 脱口而出：从性别的角度看，你是个男人；从颜值的角度看，你是个很帅的人；从高考成绩的角度看，你是个考了600分的人；从高考中数学成绩的角度看，你是个考了150分的人。
>
> 回答：从不同的角度去衡量一个人。根据不同的角度，衡量一个人的指标是不一样的。

4.4.2 指标定义的规范

在了解了指标的相关概念以后，怎么定义一个指标字典是合格的呢，有没有什么规范可以遵守呢？答案当然是有！

一个指标一经录入，它的命名和所有下钻维度的口径都已确定（默认口径），这称为指标的一义性。例如，"团购交易额"这个指标默认的时间口径是支付时间、默认的城市口径是下单所在城市等。如果需要按下单时间口径看订单金额，我们定义了一个新的指标"团购下单交易额"。一个在某些维度上口径不确定的"指标"是不能被使用的，在业务场景中是毫无意义的。

指标一般分为基础指标、普通指标和计算指标三类。

1. 基础指标

例如，"团购交易额"作为一个基于单纯实体的属性的简单计算，它没有更上游的指标，即它的父指标是它自身。我们称这样的指标为基础指标。

2. 普通指标

所谓普通指标，即在单一父指标的基础上通过一些维度上的取值限定可以定义的指标。

例如，对于团购中 PC 端首次购买用户数，限制条件为首次购买用户中下单平台 =PC。

3. 计算指标

可以在若干个注册指标之上通过四则运算、排序、累计或汇总定义出的指标称为计算指标。

量度和维度都考虑好了，在构建一个指标字典时我们应该考虑哪些要素呢？表 4-3 为建立指标字典的要素。

表 4-3　建立指标字典的要素

要素	要素说明	要素实例
指标名称	维度（业务线 + 一级维度 + 二级维度 + 三级维度 +…）+ 量度	机票支付订单量
别名	描述指标的其他命名	—
含义（必填）	描述指标的计算方法或定义方法，是指标的关键	支付成功的订单数量

续表

要素	要素说明	要素实例
指标类型	描述指标的类型	普通指标
限定条件（可选）	描述指标的限定条件，可以限定指标查询的条件	机票订单，订单状态 = 支付成功
限制维度（可选）	描述用户在查询该指标时，如果要使用该类型维度进行切分，那么必须限定该类型维度指定的维度	平台：当订单支付时所在平台 日期时间：订单支付时间

指标字典通常包含指标维度和指标量度两个部分，我们先来看一下表 4-4 所示的指标字典的维度示例。

表 4-4 指标字典的维度

一级维度	二级维度	三级维度	别名	维度取值（示例）	维度表	备注
时间	时段（T）			1～24 小时		根据需求自行划分时间区段
	日（D）			20160419		
	周（W）			2016W14		
	月（M）			201604		
	季（Q）			2016Q2		
	年（Y）			2016		

我们再来看一下指标字典的量度示例，如表 4-5 所示。

表 4-5 指标字典的量度

一级量度	二级量度	三级量度	别名	含义	限制条件	限制维度	备注
流量	PV					时间 / 平台	基础指标
	DAU			所有页面 UV 去重		时间 / 平台	基础指标
	点击设备数			App 点击设备的数量		时间 / 平台 / 版本	基础指标
	展示设备数			App 展示设备的数量		时间 / 平台 / 版本	基础指标
	CTP			点击设备数 / 展示设备数		时间 / 平台 / 版本	计算指标

续表

一级量度	二级量度	三级量度	别名	含义	限制条件	限制维度	备注
率	访购率		新老用户访购率	支付用户数/总UV（支付用户数、总UV按天排重）		时间/平台	计算指标

通过以上步骤和方法，相信你应该可以根据自身业务情况，建立一个指标字典了。

指标字典在建立以后，要经过各个业务线产品经理们的评审，纠正描述不明确或者有分歧的指标，在达成一致后，由数据产品经理推广，供大家参考使用。一个好的指标字典分析框架就像剥洋葱一样，先从单维度、粗维度分析，再细拆维度，自外而内地看问题，透过现象发现事物本质。

4.5 数据管理系统

4.5.1 数据质量的重要性

随着大数据时代的发展，数据质量的定义也发生了变化。在几十年前，数据质量通常指数据的准确性，包括数据的一致性、数据的完整性和数据的最小性。在大数据时代下，数据的来源越来越多，数据量也越来越大，准确性不再是衡量数据质量的唯一标准，数据的可读性成为大数据时代下影响数据质量的更关键的因素。

在对业务预测时，我们需要建立合适的模型，把历史数据输入模型中，进行预测，然后与真实数据对比，不断参数调优改进模型。这时候，数据的准确性和完整性等因素确实很重要。如果数据质量出现问题，就会导致结果偏差很大，甚至是错误的，也就是所谓的"垃圾进，垃圾出（garbage in, garbage out）"。如果得出的数据是一个企业对于未来市场的判断，那么这种后果将是极其严重的，数据质量的重要性不言而喻。

在大数据时代，我们有分析大数据的各种方法，在存储上也得到了很好的解决方案，而极少部分的不准确数据在巨大的数据量面前的影响甚微。为了追求业务分析数据的效率，数据质量中的数据可读性就变得越来越重要，人们更加关心数据分析的效率及数据在各系统中获取的速率,数据的可读性便成了数据质量指标中至关重要的一环,如图4-11所示为数据质量中心的架构图,从各方面把控数据质量,前面介绍的建立指标字典就是保障数据可读性的基础。如果数据的可读性非常差,就会浪费很多的时间来分析数据,更严重的是在大数据平台中,难以满足各种业务应用场景下的需求与决策支持。可见,在当今大数据时代的背景下,在重视数据质量中指标的准确性的同时,我们更应该关注数据质量中的数据可读性。

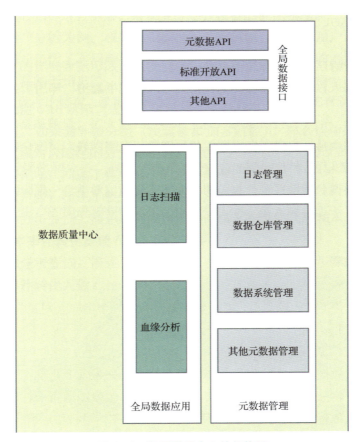

图 4-11　数据质量中心的架构图

在过去、现在和未来,无论影响数据质量的因素发生什么样的变化,保证数据质量永远都是业务使用必须解决的问题。因此,对于数据产品经理来说,建立一个数据管理系统,对公司的业务发展显得至关重要。

4.5.2 数据管理系统的质量检测

数据管理系统侧重于从时效性和数据一致性两大质量方向保证数据的可读性。

1. 数据仓库的数据时效性检查

明确每天的每一个层级、每一个数据表的最早和最晚生成时间，发现影响当天数据生成延误的数据表，并能够通过数据管理系统回答以下问题：

当天 MySQL 表和 Hive 表中的核心指标是何时生成的？

有哪些表的产出时间比预期时间延迟了？

任务延迟的原因是由哪几张表造成的？

瓶颈在哪里？优化哪几层？哪几张表可以提高核心指标等的生成时间？

2. 数据仓库的数据一致性检查

通过数据一致性检查，在数据质量视图的展现下，我们可以快速了解存在依赖关系的数据表的分维度数据变化情况。

为了对数据一致性进行检查，首先需要监测数据库中每一张表的维度和指标数据。例如，计算指标 A 的 MySQL 语句如下：

```
SELECT platform,app_id,count (user_id) A FROM etl_user_event WHERE action_method='CLICK_DOC' GROUP BY platform,app_id;
```

然后，建立逻辑比较关系，把每个数据表的每一个指标之间建立联系。例如：

关系1：T_1.指标A == T_2.指标A

关系2：T_1.指标A * 0.95 < T_2.指标A

因此，大数据管理系统项目需要做的事情主要分为以下几步：

第一步，建立数据依赖引擎，实现依赖图谱。依赖图谱用于构建数据仓库表之间的分层级依赖关系，然后存入 MySQL 表并能支持可视化展现。

第二步，计算数据准备情况。各个表、各个分区的数据准备就绪时间按天、小时级进行汇总。根据 Hive 仓库的 Meta 信息可以获取 Hive 表各个分区的创建时间，根据创建时间确定数据的实效性，用来分析展现每天、每小时的状态和瓶颈。如果需要对 MySQL 进行验证则通过 SQL 语句查询的方式获取对应时间在 MySQL 中是否存在。

第三步，建立数据计算引擎。根据定义的小时级指标、天级别指标规则，结合数据表各个分区的准备就绪时间，调用 Spark SQL 计算核心指标。

第四步，建立数据比较引擎。根据表和表之间核心指标的关系、表和表之间的规则进行比较验证。例如，A＝＝B，A＋B＝＝C，B/A ＜ 0.95 等逻辑判断。

4.5.3 数据管理系统的功能

数据管理系统的功能主要分为数据流管理、任务管理、数据管理三大功能。

数据流管理，也可以叫血缘分析。单从字面上来看，它属于一种数据关系的分析，用来解释数据之间相互影响的一种描述。数据流管理，对于当前大数据背景下的数据治理具有十分重要的意义，它能让你快速了解数据组成结构，并制定有效的管理方式。

例如，有一天，我们发现大数据分析平台某个业务指标的数据没有产出，就要去查看到底哪里出了问题，是数据集市里的表、主题层的表还是基础层的表出了问题。而在更多的时候，数据集市的表会依赖多张表，那么这个排查问题的过程就会变得很麻烦，而且很浪费时间。

有一个简单的思路就是，通过业务场景，在数据管理系统中设计解析每一个计算过程的链路关系，自动绘制出图表，动态获取执行情况，并做出预警。对于日常的监控，可以将每一个元数据的引用情况做出明暗度显示，绘制出数据星云图。

数据血缘关系会首先通过指标对应的库表关系，找出它所属的表，再根据计算关系找到计算过程中与它有关联的表，最终把整个链路上的相关表展现出来。这样就清晰地展现出了它从数据源头开始，一层一层的链路关系，并且可以用颜色区分正常、延迟、未处理等各种状况，清楚地知道任务异常情况，并在任务延迟情况下触发报警机制，以短信方式提醒负责人排查问题，确保数据正常产出。

如图 4-12 所示，血缘分析可以清晰地帮助我们了解所维护的数据的使用与被使用情况，犹如资产一般，便于维护定位与统一管理。一个管理者如果掌握了数据资产的使用与被使用情况，就可以更加清晰地了解管理与维护的重点，并做出合理的风险预警，基于业务重点做一些资源的调整与再分配。

任务管理会对每天的任务执行情况进行管理，展现每张表的任务完成时间、任务延时情况以及延时的原因等，一旦任务出现问题，可以快速联系到数据表的负责人。同时，能够方便查看每张表的依赖关系、完成时长的历史情况以及表的字段信息，让整个大数据分析平台变得清晰易懂，如图 4-13 所示。

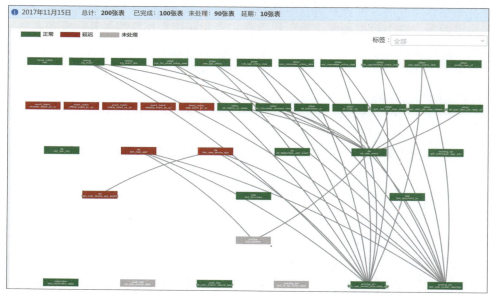

图 4-12　血缘管理示例

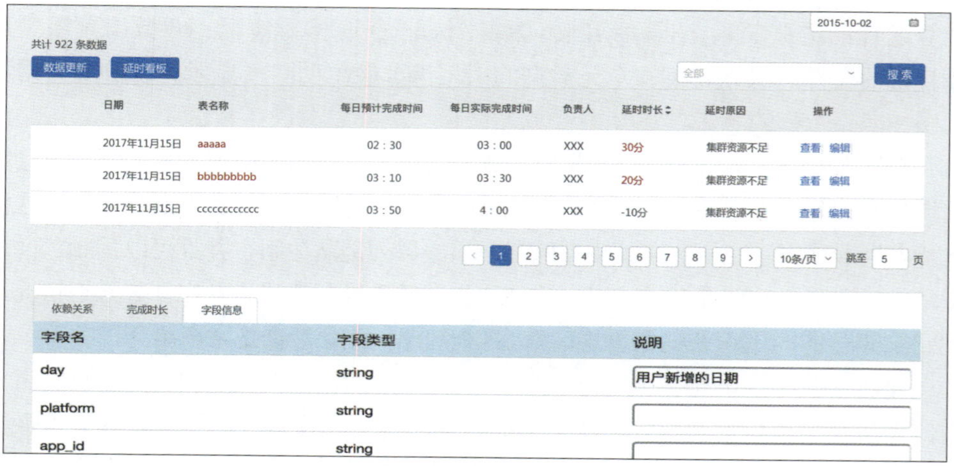

图 4-13　数据任务管理

数据仓库中每张表的完成时长每天都是不一样的，因此在数据关系系统中，有必要把表的每天完成时长记录下来，然后展现在系统中，方便查看近一段时间内的完成时长趋势，分析延时规律和问题，如图 4-14 所示。

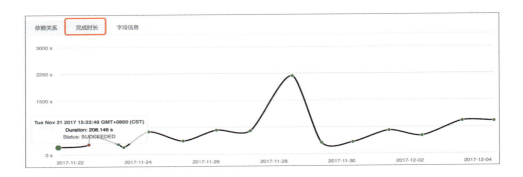

图 4-14　完成时长趋势

为了对数据流程进行优化，减少任务延时情况，需要分负责人和表名称两个维度对数据的延时情况进行统计分析，可以查看每个负责人的延时次数、延时时间及占比情况，为了激励每个负责人减少延时次数，建议以排行榜的方式进行排名展现，如图 4-15 所示。

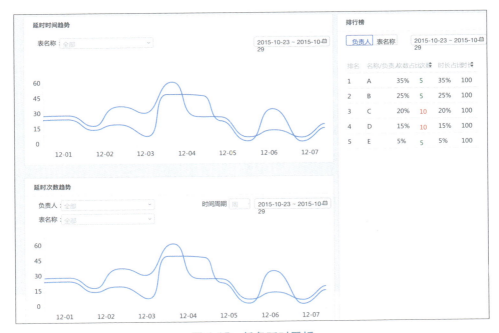

图 4-15　任务延时看板

数据管理功能会展现数据仓库表的信息，包括所属数据库、存储类型、负责人、产出状态、数据库地址、标签、备注、所属业务组等，并可进行查看和编辑操作。点击表名、业务组可跳转到血缘关系页面，对应表所在的血缘图或该业务组的血缘图。数据管理功能的作用是可以通过表名、标签、产出状态、业务组等快速检索相关表，了解表信息，并对表进行相关操作，便于表信息的维护，数据管理功能页面如图 4-16 所示。

表名称	数据库	存储类型	负责人	Project&Flow	提交队列	URL	标签	备注（用途）	操作
rsync_xiaomi_ad_data	d'w	HIVE	程序猿	new-wemedia-data-pipeline&flow=browser-log-hdfs			main		查看 编辑
rsync_xiaomi_ad_data	d'w	HIVE	程序猿						查看 编辑
rsync_xiaomi_ad_data	d'w	HIVE	程序猿						查看 编辑
rsync_xiaomi_ad_data	d'w	HIVE	程序猿						查看 编辑

图 4-16　数据管理功能页面

以上只是数据管理系统应该具备的最基础的三大功能，还可以加入数据接入中的集群管理功能、数据指标字典管理等，读者可以根据自己公司的业务需要设计更多功能，以便高效、方便、快捷地管理元数据。

第 5 章　大数据分析平台实践

5.1　大数据分析平台的前世今生

5.1.1　大数据分析平台构建的背景

随着公司业务的不断发展，公司会积累大量各种类型的数据，这些海量数据如果没有得到有效的分析和利用，那么便不会对业务产生该有的价值。构建一个大数据分析平台，结合多个业务系统，从中抽取海量数据进行管理、整合、分析和利用，从中发现潜在问题和有价值的规律，并通过可视化的方式进行展现，能够为管理层提供科学决策的支持，提升企业的业务能力和效益，确保数据驱动业务增长。

通过大数据分析平台的名字就可以看出，它是由大数据＋分析构成的，其实在大数据出现之前，BI（Business Intelligence，商业智能）就已经存在很久了，两者是紧密关联的、相辅相成的。BI如果没有业务管理的应用工具，也不产出任何的商业分析，大数据就没有价值转化的工具，就无法把数据的价值呈现给用户，也就无法有效地支撑企业经营管理决策。同时，大数据是基础，没有大数据，商业智能就失去了存在的基础，没有办法快速、实时、高效地处理数据，支撑应用。所以，数据的价值发挥、大数据分析平台的建设是相辅相成的，大数据分析平台会把业务分析结果和商业价值通过平台的形式更友好地展现给用户。

大数据分析平台要实现数据的共享和交换，将各个应用系统的数据进行集成和整合，使来源各异、种类不一的各类数据可以相互使用，丰富数据的来源，能够把各个业务数据串联起来，实现数据的共享和应用。大数据分析平台在底层采用大数据主流的框架和系统对数据进行统一存储，为数据的挖掘和分析打好基础。

最后，大数据分析平台提供大数据分析与决策能力。大数据分析平台采用数据挖掘、数理统计等相关技术，构建大数据分析框架，提取数据中隐含的、未知的、极具潜在应用价值的信息和规律，为企业的各项工作提供决策和指导。

图 5-1 所示为大数据使用的金字塔模型，数据基本有以下使用流程。

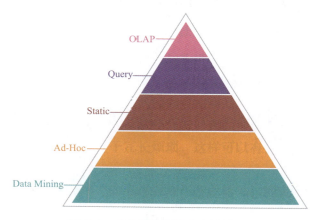

图 5-1　大数据使用的金字塔模型

自上而下，随着数据量越来越大，数据维度越来越多，对每一层的数据要求也不一样，而且越往下层深入，获取数据的门槛也越高，需要更专业的大数据工程师参与。而越往上层，对用户越友好，获取数据的效率和可视化程度会越高。因此，大数据分析平台可以使企业对数据、效率的要求逐步提高。企业构建大数据分析平台，归根到底是构建企业的数据资产运营中心，发挥数据的价值，支撑企业业务的飞速发展。

5.1.2　企业实现大数据分析平台的方式

在大数据时代，企业会积累大量的数据，有前端的埋点数据，也有各种业务数据，通过前面介绍的数据仓库和大数据管理系统等方式，已经可以对数据进行有效的存储和管理了。然而，这些海量的数据并没有得到有效的统计分析和展现，并没有对业务形成有价值的数据支撑。

企业对大数据分析平台的应用目前主要有以下三种：

（1）在开源产品上搭建大数据分析平台。这个过程比较烦琐，还要对细节了解得比较清楚，如果后期根据业务做自定义扩展，则需要修改源码，优点是前期能够迅速搭建一个可用的大数据分析平台。现在市场上主流的在开源产品上搭建的大数据分析平台主要有 Airbnb 开源的 Superset、Grafana 等。

（2）商业版付费大数据分析平台。现在市面上有很多比较通用的 BI 分析平台，例如比较流行的 Tableau、BDP 等，还有从埋点开始全流程数据服务的 GrowingIO、神策数据等。如果公司没有研发资源投入，则可以考虑采用商业软件服务，还包括一些定制的业务分析等，这些公司一般会根据企业的数据量级收费。

（3）自建大数据分析平台。现在很多中型以上的公司，都会配备自己的大数据部门进行数据的存储、清洗、分析、展现等工作，也有足够的研发实力自建大数据分析平台，这样做的优点是可以根据自己的业务定制开发，实现满足自身业务需求的平台，缺点当然就是要投入一定的研发资源，前期需要有一定的技术积累。接下来一章，将重点讲述企业自建大数据分析平台这部分，希望能够给准备建设和正在建设大数据分析平台的数据产品经理一些相关思路和帮助。

无论用哪种方式实现大数据分析平台，都要满足三大构建原则，以确保大数据分析平台的实用性。

（1）安全性。大数据分析平台应采取安全性高的访问认证机制，同时在平台建设中要充分重视系统自身的安全性，并保证数据的安全性。

（2）可扩展性。大数据的分析和应用是一项长期持久的工作，随着业务的变化，企业对于大数据分析平台的功能和要求也会不断变化。因此，要求平台的设计和研发要具有良好的扩展性，以满足业务不断发展变化的要求。

（3）灵活性。在平台的设计和实施中要考虑与其他应用系统的整合，能够实现多种类型的接口，并可以灵活地接入其他系统中，拓展服务类型和服务能力。

5.2　大数据分析平台应用实战

在这个竞争白热化的大数据时代，每个公司对数据的重视程度都提高到了前所未有的程度，无论是考虑数据的安全性，还是数据的使用效率，拥有为企业自己量身定制的大数据分析平台，是实现精细化运营、数据驱动业务增长的利器。因此，掌握大数据分析平台的思路和方法是数据产品经理必备的一个能力。

下面，按照大数据分析平台的版本迭代路线，讲一下大数据分析平台建设的四个阶段：可拓展的报表分析平台（V1.0 版本）、自助式分析平台（V2.0 版本）、智能化分析平台（V3.0 版本）、业务场景分析平台（V4.0 版本）。

5.2.1 可拓展的报表分析平台

提起报表分析平台，很多人还停留在后端接口查询数据库数据、前端页面展现数据这种传统的定制化的报表分析平台上。确实，公司在业务规模不大和人力不足的情况下，可以实现这种原始的报表分析平台，更准确地说，应该是指标展现页面。可是，这种传统的方式太定制化了，没有任何的可拓展性，如果增加一个指标，前端和后端代码修改的成本都比较高，可以毫不夸张地说，前者就像还停留在冷兵器时代的军队，只能招兵买马、堆积人力，辛苦和艰难程度可想而知。

然而，随着业务的增长，报表的需求越来越多，深受天天写业务报表之苦的程序员和产品经理决定研制一个更先进的工具，来摆脱这种拼体力的工作。为了提高大数据分析平台的可扩展性，终于找到了用实现QueryAdapter的方式解决问题，具体的方式就是通过前端配置JSON，并在API层下添加QueryAdapter层把API的接口翻译成相应的SQL，然后通过SQL查询具体的数据库，进一步提高前端的扩展性和报表的灵活性。上面的这一过程可以用如图5-2所示的架构实现。

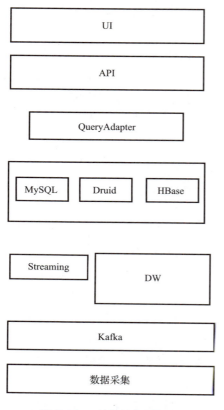

图 5-2 可扩展的报表架构

就这样，"冷兵器"时代的大数据团队终于有了自己的"大炮"，他们只需更换"子弹"就可以快速解决不同的业务问题。图5-2中报表架构的UI层主要以单图（Chart）与看板（Dashboard）两种形式展现。

单图主要是对指标进行某种样式的展现，例如日活跃用户数的折线图、日活跃用户数的表格、多平台日活跃用户数对比图等，并可以对单图进行多个维度的查询操作，它主要提供了如下功能：

（1）选择维度。可以选择多个维度，向下钻取。

（2）选择时间。可以选择昨天、过去7天、过去30天、过去90天、过去

180 天、过去 365 天以及自定义天数。

（3）选择图表样式。能够支持折线图、横向柱状图、竖向柱状图、表格、地图、饼图等常用的图表样式。

看板能够将相互关联的单图集合在一起，兼顾全面性与单独性，既能够从多个图表中发现关联，又可以对单个图表深入分析，方便每天查看相应业务的数据。看板可以供不同的业务人员实现不同的使用场景：

（1）产品经理的看板可能是项目的核心指标。

（2）市场人员的看板可能是监控各个渠道来源指标以及转化率情况。

（3）销售人员的看板可能是潜在客户的活跃度。

对于支持自定义图表的单图而言，在前端配置的 JSON 格式中，需要明确以下几个字段：

（1）datasource。数据源，也就是单图要查询的数据库、数据表，它包含了数据的地址、端口、数据库格式、数据库、数据表等，是数据展现的基础。

（2）metrics。在页面展现的指标，包括指标的计算类型、指标的 ID、指标名称、指标别名等。

（3）dimensions。指标的维度，相当于 SQL 中的分组方式 group 的作用，也就是分析人员想按照什么分组查看数据。

（4）filter。filter 用来设置过滤器，为前端报表实现筛选查询条件，它要规定每个维度应该以何种规则过滤，是等于、不等于、大于、小于，还是包含，还要规定维度的查询字段和查询值，简单表示就是下面这种格式。当然，还有很多字段可以添加以便进一步扩展功能，filter 的具体格式可以参考如下代码。

```
"filter": {
            "op":"and",
            "exprs":[
                {
                    "op":1,
                    "opText":"=",
                    "key":"app_id",
                    "keyText":" 应用 ",
                    "value": ["null"],
                    "valueText": [" 全部 "],
```

```
            "name": "app_id"
        },
        {
            "op": 1,
            "opText": "=",
            "key": "bundle_version",
            "keyText": "版本",
            "value": ["null"],
            "valueText": ["全部"],
            "name": "bundle_version"
        },
        {
            "op": 1,
            "opText": "=",
            "isHide": "true",
            "key": "bucket_name",
            "keyText": "bucket",
            "value": ["ALL"],
            "valueText": ["ALL"],
            "name": "bucket_name"
        },
        {
            "op": 1,
            "opText": "=",
            "key": "is_new_user",
            "keyText": "是否新用户",
            "value": ["null"],
            "valueText": ["全部"],
            "name": "is_new_user"
        }
    ]
}
```

（5）orders。输出结果应该以哪一个指标排序。通常按照使用时间字段进行降序排序。

除了以上几个重要字段，还可以设置 time、limit 等字段扩展更多功能。其实，有 SQL 基础的人应该都能看得出来，前端单图的 JSON 格式都是围绕 SQL 语法进行的，是组成一个业务查询 SQL 常用的一些语法，这也是为什么第 2 章会花一定篇幅重点介绍 MySQL 的原因。

看板的实现逻辑也与上面单图的实现逻辑相似，不同的是要增加看板中包含哪些单图（即包含的每个单图的 ID），以及这些单图在看板中的位置等信息。

有了支持可拓展的 JSON 配置格式，就可以在大数据分析平台配置出符合自己需求的单图与看板了。至此，已经能满足日常的报表展现需求，大数据分析平台也完成了 V1.0 版本的迭代。

5.2.2　自助式分析平台

人类科技的进步从来都不会止步不前，拥有了"大炮"和"步枪"，能不能再造出"飞机"与"坦克"，进一步提高"作战"效率？虽然 V1.0 版本解放了研发的生产力，但是随着业务人员的需求的多样性不断增加，数据分析师和产品经理的业务需求应接不暇，而且有很大的沟通成本，面对上面的痛点，就需要为业务人员实现一个他们自己能够快速、方便搭建报表的平台。

自助式分析功能主要包含创建数据源、创建单图、创建看板，如图 5-3 所示。其中，创建数据源是第一步，也是最基本的部分。数据源，顾名思义，就是数据的来源，是指提供某种应用所需要的数据所使用的数据库或者数据服务。数据源涉及的功能主要有支持自定义数据源、数据操作、创建保存数据源等，因为所有的单图和看板都是基于数据源进行分析的，合理的数据源管理可以提高数据源的利用率，有效地避免重复创建数据源，进一步提高效率，并且可以进一步拓展数据的存储形式，除了支持 MySQL 存储，还可以支持 Druid、Elasticsearch、Phoenix 等。另外，数据源管理要考虑业务的复杂性，能够满足复杂的多表 JSON，支持自定义 SQL 查询。最后，数据源管理也要注意对数据权限的控制，最好能够做到对字段这种细粒度的权限管理，进一步提高数据的安全性。

创建数据源　　创建单图　　创建看板

图 5-3　自助式分析功能

创建单图和创建看板这两部分都基于前期灵活可扩展的 JSON 图表配置，并在此基础上，能够创建一些复杂的计算字段。例如，想计算平均停留时长这个指标，它是由总停留时长除以 DAU 计算而成的，总停留时长和 DAU 都是基础指标，在数据表中是已经存在的，那么就可以创建一个计算字段，命名为平均停留时长，计算公式为"=SUM（dwell/dau）"，保存后，通过计算字段就可以得到一个新的复合指标——平均停留时长，如图 5-4 所示。

图 5-4　创建计算字段

自助式分析功能的核心是创建单图功能，使用人员可以基于已有数据，选择并呈现多种图表样式[现在常用的图表类型有表格(横向表格、竖向表格)、折线图、柱状图（横向柱状图、竖向柱状图）、饼图、漏斗图、堆积图等]，然后选择数据源里的数据表，把对应的数据表中的字段拖曳到维度、指标栏中，并可以设置过滤条件（过滤条件可以设置为是否在前后端显示），进行一些维度的过滤，最后点击查询便可以在显示区进行结果的预览，创建单图页面如图 5-5 所示。

第 5 章　大数据分析平台实践

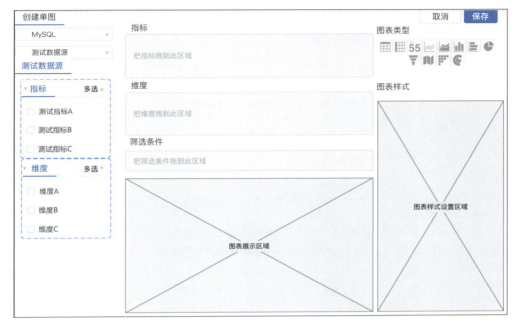

图 5-5　创建单图页面

维度和指标的概念在前面章节已经有过介绍，如图 5-5 所示创建单图页面，把测试字段拖曳到指标后，维度可以理解为从哪些角度来看这些指标，类似于 MySQL 中的 GROUP BY 语句，筛选条件区域是对拖入此区域的指标进行筛选设置，类似于 MySQL 中的 WHERE 语句起的作用。其实，时间区域也是过滤条件的一种，只不过在大数据分析平台中，时间是经常用到的一种过滤条件，需要把它独立显示在系统中。

指标的设置通常分为常规设置、显示格式、高级设置三个模块。

常规设置主要对指标进行重命名、选择对指标的聚合方式以及对指标的排序方式等。其中，聚合方式主要有原始数据（RAWDATA）、计数（COUNT）、去重计数（COUNT DISTINCT）、求和（SUM）、求平均值（AVERAGE）、求最大值（MAX）、求最小值（MIN）等，如图 5-6 所示。

图 5-6　创建单图对指标的常规设置

如图 5-7 所示，显示格式主要用来对指标的展现格式进行设置，例如指标是按照千分位展现，还是按照大数格式展现，如果设置了百分比或者小数，希望展现小数位数的第几位等。

图 5-7 创建单图对指标显示格式的设置

高级设置主要对指标进行一些复杂的设置，例如是否对指标进行日环比、周同比、年环比的计算，是否对指标进行趋势曲线的显示等，如图 5-8 所示。

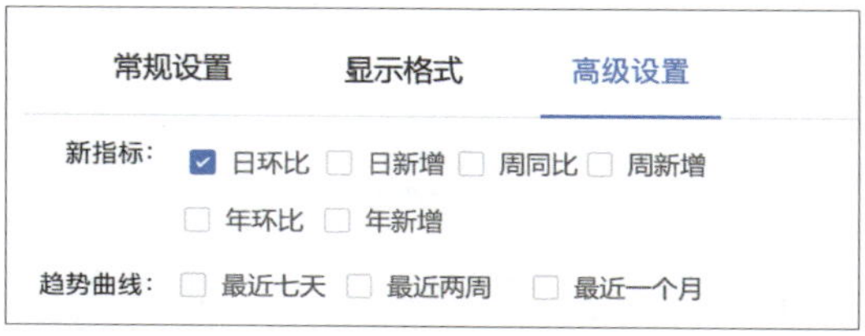

图 5-8 创建单图对指标的高级设置

目前，常用的自助式分析功能的图表类型有以下几种。

1. 表格

应用场景：一般应用于显示明细数据、原始数据等，是最常用的图表样式之一。

配置规则：0 个或多个维度，0 个或多个指标。

其他设置：表格还可以在内容样式和基本样式里设置行总计、列总计以及色阶选项等，用来满足个性化的样式展现。

表格展现样式如图 5-9 所示。

月份/城市	北京	上海	深圳
1月	-4	4	16
2月	0	5	17
3月	6	9	19
4月	14	15	23
5月	20	20	26
6月	25	24	28
7月	27	29	29
8月	26	26	29
9月	21	25	27
10月	13	19	25
11月	5	13	21
12月	-5	7	17

图 5-9 大数据分析平台中的表格展现样式

2. 折线图

应用场景：一般应用于显示趋势，查看一段时间范围内数据的波动情况等，也是一种常用的图表样式。

配置规则：1 个或 2 个维度，1 个或多个指标。

其他设置：可以在图表样式里设置 Y 轴区间，设置次轴等，实现更丰富的样式展现。

折线图展现样式如图 5-10 所示。

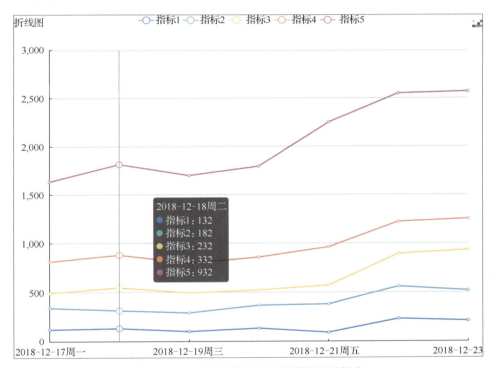

图 5-10 大数据分析平台的折线图展现样式

3. 堆积区域图

应用场景：堆积区域图强调数量随时间而变化的程度，也可用于引起人们对总值趋势的注意。例如，表示随时间而变化的利润的数据可以绘制在堆积区域图中以强调总利润。

配置规则：1 个或 2 个维度，1 个或多个指标。

其他设置：可以在图表样式里设置 Y 轴区间，设置次轴等。

堆积区域图展现样式如图 5-11 所示。

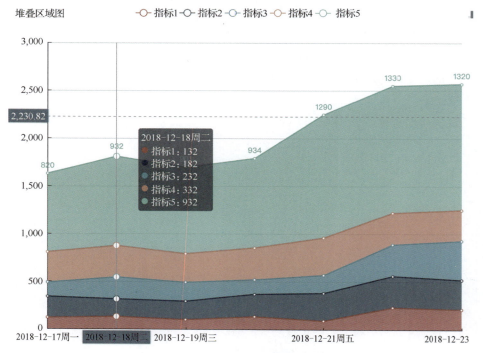

图 5-11　大数据分析平台中的堆积区域图展现样式

4. 柱状图

应用场景：用来比较 2 个或 2 个以上的指标（不同时间或者不同条件），只有一个变量，通常用于较小的数据集分析。

配置规则：2 个以内维度，1 个或多个指标。

其他设置：可以在图表样式里设置 Y 轴区间，设置次轴等。

柱状图展现样式如图 5-12 所示。

5. 饼图

应用场景：饼图显示一个数据系列中各项的大小与各项总和的比例，主要应用于看不同构成元素之间的百分比情况。

配置规则：1 个维度，1 个指标；0 个维度，多个指标。

其他设置：可以在图表样式里设置饼图显示为环形图或者南丁格尔玫瑰图，以满足更多的样式需求。

第 5 章 大数据分析平台实践

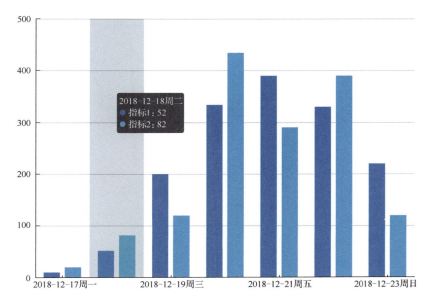

图 5-12 大数据分析平台中的柱状图展现样式

饼图展现样式如图 5-13 所示。

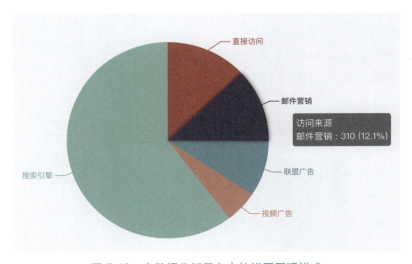

图 5-13 大数据分析平台中的饼图展现样式

6．漏斗图

应用场景：漏斗图适用于业务流程比较规范、周期长、环节多的流程分析，通过漏斗各环节业务数据的比较，能够直观地发现和说明问题所在。

配置规则：1个维度，1个指标；0个维度，多个指标。

漏斗图展现样式如图5-14所示。

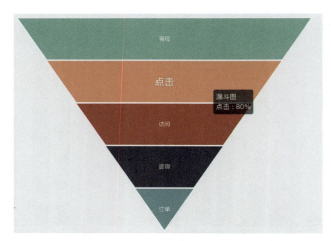

图 5-14　大数据分析平台中的漏斗图展现样式

7. 留存图

应用场景：留存图主要用来衡量新用户后续的行为表现，也就是后续时间点的留存率情况。

配置规则：时间维度以及后续的留存数据。

留存图展现样式如图5-15所示。

日期	用户数/个	+1日	+2日	+3日	+4日	+5日	+6日	+7日
均值	563	23.7%	22.2%	21.8%	20.6%	19.8%	--	--
2019-01-17	500	23.6%	21.6%	21.6%	20.6%	19.8%	12.4%	
2019-01-18	500	23.6%	21.6%	21.6%	20.6%	12.4%		
2019-01-19	690	23.8%	22.8%	22.2%	14.8%			
2019-01-20	690	23.8%	22.8%	14.9%				
2019-01-21	500	23.6%	13.4%					
2019-01-22	500	14.8%						
2019-01-23	342							

图 5-15　大数据分析平台中的留存图展现样式

8. 旭日图

应用场景：旭日图（Sunburst Chart）是一种现代饼图，它超越了传统的饼图和环图，能清晰地表达层级和归属关系，以父子层次结构显示数据构成情况。在旭日图中，离中心点越近表示级别越高，相邻两层是内层包含外层的关系。

配置规则：旭日图用于描述树状结构数据，请在作图之前先确认自己的数据结构是否适合使用旭日图描绘。旭日图支持的数据格式要包含路径名称和该路径对应的值，简单整理数据格式如图 5-16 所示。

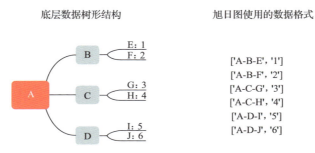

图 5-16　旭日图使用的数据格式

旭日图展现样式如图 5-17 所示。

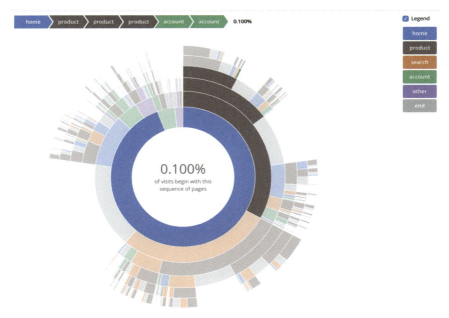

图 5-17　大数据分析平台中的旭日图展现样式

9. 桑基图

应用场景：桑基图是一种特定类型的流程图，图中的各个分支宽度表示流量的大小，桑基图主要应用于用户行为路径、能源流转等场景。

配置规则：桑基图最明显的特征就是始末端的分支宽度总和相等。因此，在底层数据上，所有主支数量应该与分出去的分支数量总和一致。

桑基图展现样式如图 5-18 所示。

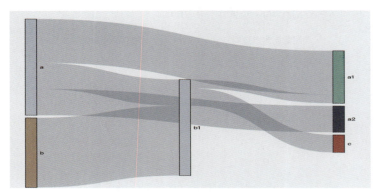

图 5-18　大数据分析平台中的桑基图展现样式

10. 词云图

应用场景：词云图把出现频率较高的关键词在可视化页面突出显示，从而过滤掉其他不重要的信息，主要应用在舆情热词显示、新闻等领域。

配置规则：词云图的关键词以及关键词对应的权重值。

词云图展现样式如图 5-19 所示。

图 5-19　大数据分析平台中的词云图展现样式

11. 地图

应用场景：地图可以结合地理位置展现具体数据情况，可以结合业务应用于车辆位置、车辆调度等场景。

配置规则：指标中依次输入经纬度，或者以经纬度作为维度统计指标。

地图类型主要包括地图热力图、地图气泡图、地图OD轨迹图、地图热力柱状图、地图网格图、地图聚合图、地图饼图。

1）地图热力图

用途：根据不同区域的位置（经纬度）数据，进行不同程度的颜色填充，从而反映各个区域的不同分布，以颜色直观地展现数据的空间分布和密集程度。

数据格式要求：每一条数据按照 [经度，纬度] 设置即可。

地图热力图展现样式如图 5-20 所示。

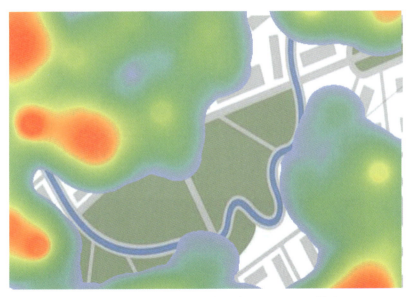

图 5-20　大数据分析平台中的地图热力图展现样式

2）地图气泡图

用途：以颜色和数值直观地展现数据的空间分布和密集程度，用气泡大小和颜色深浅两个指标衡量数据的大小。当你想着重展现地域数据而不考虑地理位置和面积时，你应该选择地图气泡图。

数据要求：每一条数据按照 [经度，纬度] 设置即可。

地图气泡图展现样式如图 5-21 所示。

图 5-21 大数据分析平台中的地图气泡图展现样式

3）地图 OD（Origin Destination，起止点）轨迹图

用途：将轨迹信息动态展现在图上，例如可以直观地观察车辆调取流转情况，当鼠标点击时将显示相关信息。

数据格式要求：每一条数据按照 [起点经度，起点纬度，终点经度，终点纬度，数值及其他信息 *] 设置即可（* 表示可以有不只一条信息）。

地图 OD 轨迹图展现样式如图 5-22 所示。

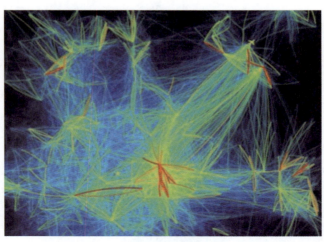

图 5-22 大数据分析平台中的地图 OD 轨迹图展现样式

4）地图热力柱状图

用途：以空间柱状图形式直观地展现数据的空间分布和密集程度，柱高的地方即为点分布较为密集的地方，同时，可以以颜色表示其他维度的数据。

数据要求：每一条数据按照 [经度，纬度] 设置即可。

地图热力柱状图展现样式如图 5-23 所示。

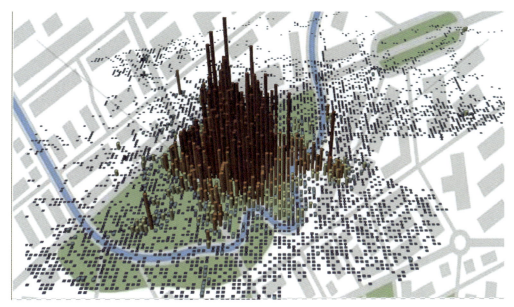

图 5-23　大数据分析平台中的地图热力柱状图展现样式

5）地图网格图

用途：以不同颜色和数值按照空间网格将数据展现在地图上，用于展现数据的数量和空间分布之间的映射，支持缩放时的自动聚合（对指标汇总或者对指标求平均值）。同时，随着地图层级的缩放，可以实现数据的聚合，并做一些基本设置，例如选择不同展现指标、选择聚合方式、控制显示的条数等，为了方便查看具体地点的数据情况，可以通过输入一个或者多个坐标快速定位。

数据要求：每一条数据描述一个网格，按照 [第一个点的经度，第一个点的纬度，第四个点的经度，第四个点的纬度，网格内数值] 设置即可。数据为底层最小网格的数据，此处的第一个点是指每个正方形网格左上角的点，第四个点是指每个正方形网格右下方的点。

地图网格图展现样式如图 5-24 所示。

图 5-24 大数据分析平台中的地图网格图展现样式

6）地图聚合图

用途：将数据展现在地图上，用于展现数据的数量以及空间分布之间的映射，数据可以提供底层数据。同时，可以支持缩放时自动聚合。

数据要求：每一条数据按照 [经度，纬度，数值] 设置即可。

地图聚合图展现样式如图 5-25 所示。

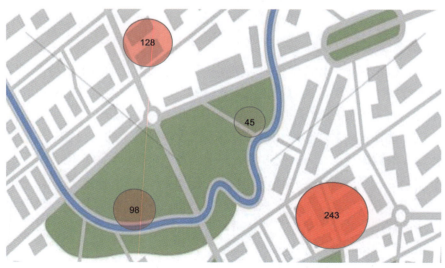

图 5-25 大数据分析平台中的地图聚合图展现样式

7)地图饼图

用途:在地图上展现指标的维度数据构成情况,例如在地图上展现北京市不同车型的占比分布饼图等。

数据要求:指标按照[经度,纬度,数值]配置,维度按照[城市编码,城市名称,饼图维度]配置。其中,饼图的大小表示该指标在这个地点的多少,饼图展现在该地点不同维度的占比情况。

地图饼图展现样式如图5-26所示。

图5-26 大数据分析平台中的地图饼图展现样式

8)区域地图

用途:可以展现每个国家、每个大区、每个城市等区域性的具体指标情况,便于直观地了解区域的数据情况,把鼠标滑过去可以查看该区域的具体数据,点击区域可以下钻到下一级数据情况。例如,点击大区可以查看大区下面各个城市的指标数据。

数据要求:每一条数据按照[经度,纬度,数值]设置即可。

区域地图展现样式如图5-27所示。

图 5-27 大数据分析平台中的区域地图展现样式

在基本功能的基础上，还有一些细节功能需要优化。例如，有时候折线图的 Y 轴以 0 为起点很难看出波动，这时就可以设置指标显示的范围，让它在一定的范围内显示，从而进一步缩小显示区间，突出趋势变化。另外，还可以支持一些实时数据的展现功能等。

在完成创建单图功能后，就可以选择创建完成的单图，动态拖曳到看板的合适位置，从而组成满足自己分析需求相关的看板，形成日常性报表组合，供业务人员查看，大数据分析平台 V2.0 版本顺利面向公司所有人上线。

5.2.3 智能化分析平台

一个完善的大数据分析平台，不仅仅是单纯展现数据的，更不是一些业务常用报表的罗列，还要能够为数据分析师、业务人员提供更多对数据的洞察，让数据更加智能化。例如，可以支持对数据进行多维度下钻、单图之间数据联动、对数据异常点进行标注、指标异常检测等功能，可以让使用人员方便、快捷地分析更精细的业务场景，实现从更多维度的数据出发去了解业务，让数据发挥更立体的价值。

1. 数据下钻

很多分析平台只是堆积展现业务的各种各样的报表，仅实现了数据范围的广度。很多业务指标也只是了解到表面的一些核心数据，缺少对数据更深层次的掌握,不能指导用户发现到底是哪些维度、哪些因素影响了业务的发展,没有实现数据的深度。例如,在做订单数据报表时,突然有一天发现订单量明显低于同期,这时候如果还通过拖曳维度数据分析哪些城市造成了整体的低利润,同一个需求分析还做多张图表完成,整个大数据分析平台就显得太笨重,灵活的自由下钻功能可以帮我们一键洞察深层数据,提高分析效率,更快、更方便地找出造成订单量下跌的"罪魁祸首"。

利用数据下钻功能,在单图中,只需框选数据异常的点,选择"下钻"便可分析出到底哪些地区的订单量低,如图 5-28 所示。

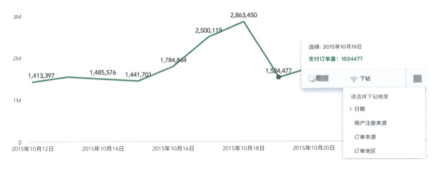

图 5-28 选择异常点下钻数据

在下钻维度弹窗中选择地区,可以在地区维度查看这天的订单数据情况,如图 5-29 所示,可以很明显地看到,广州在这一天的支付订单量明显低于其他城市,同时发现广州的支付订单量日环比也大幅下降,从而很快地找到了问题的根源所在,接下来就可以针对这一问题采取一些业务上的操作,尽快让广州的支付订单量提升。

图 5-29 地区维度下钻数据

2. 数据联动

在进行业务分析的时候，有时候需要根据一个表的数据变化情况联动展现其他相关表的数据。这样，在分析业务时会更加高效、快捷，能够发现更多业务方面的问题。

在大数据分析平台中，图表联动功能可以将某个图表作为筛选器，点击其中某一个数据项，与其关联的图表将会筛选出所选项的数据内容。首先，要对单图设置哪些图表要与之联动，如果联动的图表使用的底层表不是同一张表，那么需要设置一个与主表关联的字段，这样就可以在联动的时候以这个字段为标准进行过滤，当某一个字段的内容需要跟着上一个字段的变化而自动填写或自动改变选项的时候，数据联动就可以发挥作用了。

例如，A 表为客户信息表，记录了包括客户名称等在内的基础信息；B 表为订单表，录入了客户的订单数据，其中客户名称设置关联其他表单数据，直接调用 A 表中已经录入过的客户名称。然后，选择 A 表的某个客户，同时，B 表也跟着联动，显示这个客户产生的订单数据。同理，在此基础上，还可以设置 A 表更多的联动表，用来展现更多的联动数据。

3. 数据标注

数据异常分析，是数据分析工作中最常见且重要的分析主题，通过异常分析查找造成数据波动的原因，根据日常运营工作和数据波动之间的相关性以及影响程度，从而可以找到促进数据增长的途径，改善数据结果。

在业务发展过程中，经常会有指标异常或出现波动的情况。例如，由于某一天做活动，订单量急速上涨，或者，对于单车业务来说，由于北京前一天下雨，导致北京的订单量下降等，都是由一些原因引起的业务指标的变动。那么，在大数据分析平台上，怎样才能让这些指标波动的原因被所有关心指标的人快速知道呢？这就是数据标注功能要解决的问题。

在设计数据标注功能的时候，可以点选图表上的任意一个异常点，然后输入标注信息，如图 5-30 所示，2018 年 5 月订单量明显下降，由于 5 月的某一天线上系统故障，导致服务访问异常，从而影响了订单量，便可以把这一天的信息标注在 2018 年 5 月对应的点上。这样，其他人在看到的时候，就可以很快地知道出现问题的原因，从而提高了信息获取的效率，并降低了沟通成本。

图 5-30　数据异常点标注

4. 数据异常检测

在大数据时代，数据的质量直接影响大数据分析处理方法的效果，也影响决策过程。通过分析海量数据，我们可以从中发现数据集中隐含的模式和规律。但数据集中的异常数据会对分析过程产生重大干扰，因此在通过数据挖掘方法对大数据利用的研究领域中，数据异常检测已成为热门研究。

可视化也是一种非常重要且有效的分析手段。可视化既可以作为分析工具，直接以图形方式呈现数据之间的关系，提高数据可读性，又可以作为分析结果的呈现工具，使分析结果更加直观。在大数据分析平台中，通过实时在大量的数据中发现异常的数据并把它们转为有价值的商业信息，以消除商业观察中的延迟，支持快速的商业决策，如果能自动检测指标异常，并对异常给出预警提示，那么会让人注意到数据的情况，及时发现业务的问题，对于业务的健康发展，能起到很好的保障作用。

对于大数据分析平台中与正常数据的表现有明显差异的数据，可以设置一个异常范围，例如把超出或者低于正常值 10% 的数据设置为异常数据。如果是维度较高的异常数据，那么便要对数据进行多维度分析，然后一个维度一个维度地排查数据问题，直到找出引起指标异常的真正原因。

以前面的基于时间预测的订单量数据为例，可以在预测数据的基础上，用某一天订单量的真实值和预测值做对比，如果真实值不在预测数据的置信区间内，可以认为这一天的真实订单量数据可能存在问题，可以把其设置为异常点，进而在大数据分析平台中提示（如图 5-31 所示），引起业务方和数据分析师的注意，以便排查确认，发现引起核心指标异常的真正原因。

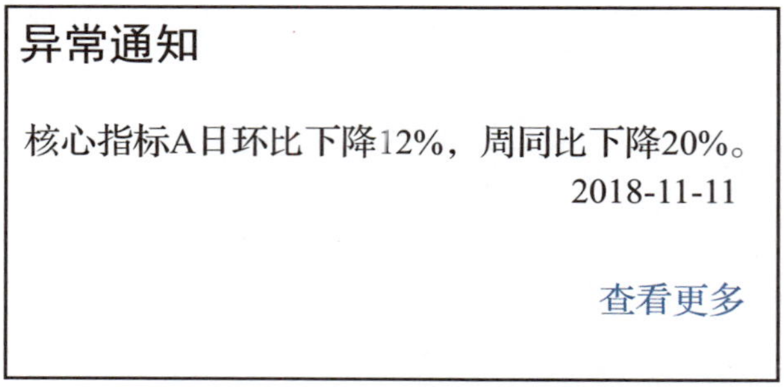

> **异常通知**
>
> 核心指标A日环比下降12%，周同比下降20%。
> 2018-11-11
>
> 查看更多

图 5-31　核心指标异常通知

除了上面介绍的一些检测异常数据的方法之外，平时经常使用的方式可以简单归纳为以下三种：

（1）基于模型的方式：首先建立一个数据模型，异常是那些同模型不能完美拟合的对象；如果模型是簇的集合，则异常是不显著属于任何簇的对象；在使用回归模型时，异常是相对远离预测值的对象。

（2）基于邻近度的方式：通常可以在对象之间定义邻近性度量，异常对象是那些远离其他对象的对象。

（3）基于密度的方式：仅当一个点的局部密度显著低于它大部分近邻时才将其分类为离群点。

5.2.4　业务场景分析平台

大数据分析平台要更方便地服务于不同的业务场景进行数据分析，整理数据报告是数据分析师必不可少的工作，无论是周报、月报，还是新版本表现的分析报告，都需要在围绕报告目标的基础上，对数据整理、分析并提炼要点，最后形成一份有指导意义、易读且美观的数据报告。而这些报告，就是每个业务场景都会沉淀下来的一套固定的分析思路和分析架构，这套固定的分析架构就可以放在平台上实现，例如渠道分析、用户留存分析、用户活跃分析及日常的周月报等。通过分析模板，我们可以方便、智能地查看分析数据，提高效率。

首先，明确业务报告模板的定位。报告就是向某一人群进行汇报，那么先要明确报告的对象，从报告对象的角度组织内容、结构，明确报告里各个模块的侧重点。

如果报告是面向公司领导层的（例如，公司业务线的例行汇报）或面向产品线老板汇报新产品或新版本的表现,那么这时候报告要突出的就是关键指标有没有达到预期、各个关键指标为什么是这样的表现,需要拆解成细化的指标简要说清楚问题出在哪里或者表现优秀的原因是什么,最后总结团队下一步的改进计划。

如果报告是面向团队的业务同事的,那么报告的侧重点就在于挖掘问题,并提出改进方案或建议,要起到的作用是用数据驱动团队。

在明确了报告的定位之后,就可以结合报告定位和产品目标、活动运营目标等指标,对核心指标进行拆解,形成业务场景模板的数据模型。

以活跃用户分析为例,根据以往积累的分析经验,对活跃用户进行拆分,本周期的活跃用户包含了本周期新用户、上周期活跃本周期流失的老用户、上周期活跃本周期留存的老用户等,针对每一类人群深入分析,分析每一类用户量的变化趋势、用户量占比情况,就可以根据数据情况优化产品功能或者制定运营策略,从而提升用户活跃数量,扩大用户规模和完善产品形态。

通过对用户进行这样的细分,我们可以了解用户的构成,从而针对每部分的不同群体进行优化和分析。根据活跃用户的构成情况,我们可以按照图 5-32 所示的分析框架创建一个看板,由以下七个单图组成一个日常的分析模板,可以清晰地展现活跃用户的构成和变化情况,快速分析每一类人群。

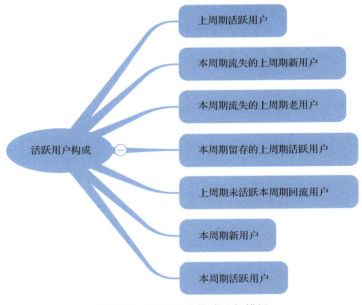

图 5-32　活跃用户构成分析模板

在图 5-32 所示的活跃用户构成分析模板中，针对每类人群的含义和使用场景说明如下：

（1）上周期活跃用户。展现的主要目的是为本周期的活跃用户数做一个参考，用来计算本周期相对于上周期的活跃用户数的环比变化情况。

（2）本周期流失的上周期新用户。主要用来对比不同拉新渠道的质量，如果上周期新用户在本周期流失较多，那么说明拉新渠道的用户质量不高，或者用户对产品不感兴趣，需要进一步通过分析寻找兴趣点，提高用户留存。

（3）本周期流失的上周期老用户。此项指标主要应用于优化产品功能，分析老用户为什么流失了，是不是因为产品的迭代影响了老用户的使用，可以通过用户访谈的形式来了解用户的诉求。

（4）本周期留存的上周期活跃用户。通过分析此项指标，可以了解本类人群经常使用的功能，判断是否是某些功能或者产品特性吸引了这部分用户，以此作为切入点，找到能够让更多用户留存的办法。

（5）上周期未活跃本周期回流用户。这批用户为什么突然回来使用产品了？是产品更新或者上线的运营活动引起的吗？有没有更好的方式让更多的用户回流？

（6）本周期新用户。主要用来评估渠道的拉新能力，通过横向对比，找出拉新能力强的渠道，增加渠道投放量，进一步提高新用户的数量。

（7）本周期活跃用户。主要用来了解本周期的用户总量，判断本周期是否达到了制定的目标，从而确定是否需要改进策略和调整运营活动。

在梳理好分析框架后，就可以在大数据分析平台上建立固定的模板，除了构建上面的活跃用户构成模板，还可以创建渠道分析模板、用户流程分析模板、版本更新模板等，这些都极大地方便、满足了日常的业务场景分析，并且将有助于业务人员降低数据分析上手门槛，提高分析效率和产出，给业务人员提供更有参考性和可执行的洞察，支持决策。

图 5-33 表示了上周期（11/26—12/02）与本周期（12/03—12/09）活跃用户的变化情况。其中，本周期活跃用户数为 236 个，相比上周期的 199 个上升了 18.6%。

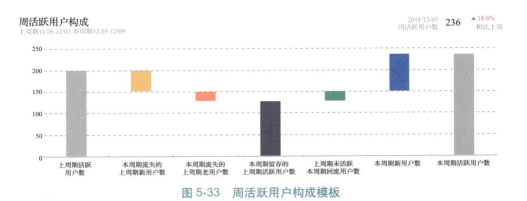

图 5-33　周活跃用户构成模板

在上周期 199 个活跃用户中，有 127 人在本周期又回访了网站，有 72 人流失，其中，本周期流失的上周期新用户数为 48 个，本周期流失的上周期老用户数为 24 个，而在本周期又召回了 23 个用户，拉新了 86 个用户，最终本周期活跃用户数为 236 个。

从图 5-32 中，我们可以对本周期的活跃用户构成情况一目了然，发现虽然活跃用户数在上升，但是拉新的用户数却占了比较大的比例（36.4%），而很多老用户已经逐渐流失掉了，这是一个不好的信号，说明我们的网站没有太强的用户黏性，仅仅依靠渠道投放广告获取新用户是不长久的，要从根本上分析问题，监控每一类用户的变化趋势，并针对人群深入分析，进一步改进产品功能或体验，寻找留住老用户的方法。

搭建一个完善的大数据分析平台，是需要不断打磨优化产品的，搭建平台的目的无非就是提高工作效率，方便大家快捷高效地获取数据。而数据产品经理还需要多了解业务，多使用自己的产品，如果自己使用大数据分析平台都不方便，那么更何况数据分析师，乃至数据经验比较少的业务相关人员呢？另外，对于大数据分析平台，以上四个阶段并不适用于所有公司。不同的业务阶段的需求都是不一样的，要针对每个公司的具体阶段而定。

5.3　移动端大数据分析平台

5.3.1　如何选择移动端

提到移动端，很多人优先想到的一定是 Android 系统或者 iOS 系统，因为我们日常接入的很多 App 都是用 Android 系统或者 iOS 系统实现的，平时使用的手机不是 Android 系统的手机就是苹果手机。可是，随着小程序的流行，已经有越来越多的公司把小程序作为移动端的首选，因为除了微信拥有的 10 亿用户流量基础外，小程序开发还有以下几个优势：

（1）小程序不用安装，即开即用，用完就走。因为程序比较小，所以会节省流量，同时会节省安装时间，并且不会显示在桌面上。

（2）在体验上虽然不及原生 App，但是已经越来越接近。

（3）对于小程序开发者来说，小程序的开发成本更低，不再像原来开发 App 一样耗费很多人力，可以把更多的人力和精力放在如何获取用户等产品运营方面。

（4）对于用户来说，相较于各种 App 的复杂交互和使用，微信小程序 UI 和操作流程会更统一，会降低用户的使用难度，更容易上手。

（5）对于小程序的推广来说，由于微信小程序在微信中，借助微信的社交属性和流量，可以更容易推广及获取用户，成本也会更低一些。

微信小程序的本质是为用户提供一种服务触手可及的能力，让使用微信小程序的用户能够连接更多的线下场景，可以把线下的流量进一步引导到线上，并进一步精细化运营产品和服务。

然而，App 开发还是有自身优势的，微信小程序暂时还有一些深度功能是不能完全媲美于 App 的，很多微信小程序被用作信息发布、品牌宣传等图文内容展现目的，还不具备平台化的功能。很多大公司都不想依赖于微信的体系之下，因此也会开发自己的 App 作为一个超级平台与微信抗衡。

对于大数据分析平台而言，移动端还是偏展现为主的，主要是为了让大家能够随时随地地通过手机看到数据。因此，如果公司的开发人力不多，那么可以把微信小程序作为首选。

另外，如果公司内部的沟通工具是企业微信或者钉钉之类的，也可以开发企业微信版的移动大数据分析平台，就是通过 H5 实现大数据分析平台，然后嵌入企业微信的应用中，这样做的好处就是可以和企业微信的个人账号体系打通，对账号的安全有一定的保障，而且每个员工都可以在企业微信的应用中看到，不需要去微信小程序中搜索或者下载，还是很方便的，也不失为一种选择。

5.3.2 移动端大数据分析平台实战

对于一款移动端大数据分析平台而言，我们可以从产品定位、数据内容、产品结构、整体架构设计、其他一些局部细节问题等方面考虑设计。

1. 产品定位

首先，它主要满足管理层和各方业务人员看数据的需求，因为这里面有一部分人经常出差在外，比较依赖于移动端获取信息。针对管理层，要打造多维度、立体化移动数据平台，出差在外也能对核心经营指标一目了然，随时随地发现问题，输出管理压力，促进业务达成。针对业务方，通过移动数据可视化报表，为即时的业务分析和日常业务处理提供指南，搞定更多业务场景数据需求。

最终，移动端数据分析产品的定位还是平台，用户可以在平台上通过查询筛选等方式得到自己想要的数据。同时，保证数据的安全，不同角色要注意权限的控制。最后，还要确保平台的稳定与可扩展。

2. 数据内容

数据内容一般都是根据每个公司的业务情况设计的，即用户以什么样的思路使用，看什么样的数据。数据内容决定了产品如何组织目录结构，决定了产品业务上的指标架构。这里面，时间粒度、业务指标和数据产出方式是设计数据内容时要重点考虑的几点。

关于时间粒度，它决定了数据的计算范围及方式，更决定了如何设计移动端数据产品的时间选择器，用来满足在不同时间维度切换的需求，以及用户需要查看什么时间粒度的数据，是实时数据还是离线数据，甚至是预测未来的数据。

关于业务指标，一个移动端数据产品最核心的是指标展现，要让用户快速地寻找到他关心的指标。随着公司业务的不断发展，以及数据量的增加，业务关注的指标也会越来越多，如何在数据产品中组织和维护这些指标，是一个产品在设计之初就需要考虑的问题。如果没有自助式分析功能，后期随着指标的增多，维护成本就会越来越高。因此，实现一款自助式大数据分析平台，即使指标不断增多，对后期的维护影响比较小，但是依然要考虑产品的性能，以及平台的可拓展等问题。

关于数据产出方式，可以分为实时计算与离线计算。好的数据产品让你根本不用去感知区别这两种计算方式，只需要关心数据本身就可以。例如，当日时刻的实时数据就是要实时计算的方式，月粒度和天粒度的数据就是以离线方式产出的。在用户切换查看这些数据的时候，要确保数据展现的流畅和无感知，让用户认识不到离线数据和实时数据的存在与界限。

3. 产品结构

移动端的大数据分析平台，由于屏幕尺寸和操作的限制，要注意页面的样式和一些控件是与 PC 端很不一样的，主要以展现为主、操作为辅，要注意产品的功能性和易用性。在设计上，要遵循"Less is more"的原则，化繁为简，让用户快速高效地获取数据。

首先，做好移动端的层次设计，将数据进行分层，符合用户获取数据的浏览思路，用户可以先看到主要指标，然后再进一步看到详细数据，由总到细，也便于用户的操作交互体验。因此，在设计的时候，可以运用如图 5-34 所示的层次设计。

图 5-34　移动端层次设计

这种层次结构在各类股票 App 的设计中很常见，如图 5-35 所示，大盘的指数行情在第一层展现，并利用 BigNumber 的方式，重点展现指数的数字和涨跌情况，并对股票进行板块分类，展现板块的涨跌数据，点击每个板块，会按照股票涨跌的幅度排序，列出这个板块的中度汇总数据。最后，点击每只股票，可以查看股票的低粒度详细数据。这样进行多层的层次设计，逻辑清晰，符合股民的使用习惯。

图 5-35　股票 App 中的层次结构体现

利用由汇总数据到详细数据的逻辑层次设计产品，可以引导用户按照这种层级的思路寻找数据，但是，如果设计的层级结构过多，会导致目录层级太深，用户的操作成本升高，用户可能会花费很长的时间也找不到自己想要的数据。这时候，除了在产品整体架构和页面功能布局上优化外，还可以引入搜索功能，让用户快速检索到自己想要的数据内容，最终达到简化用户操作的目的。

4. 整体架构设计

系统的导航结构和页面的基本元素，构成了大数据分析平台的实体和结构。

首先，看一下页面导航，它分为页面间导航和页面内导航。其中，系统的导航菜单决定了用户的操作逻辑和内容逻辑，它与业务和用户密不可分，是一个很重要的设计。移动互联网发展至今，常用的移动端的导航方式有八种，它们同样也适用于大数据分析平台的产品设计。我们先来看一下如图 5-36 所示的八种导航方式。

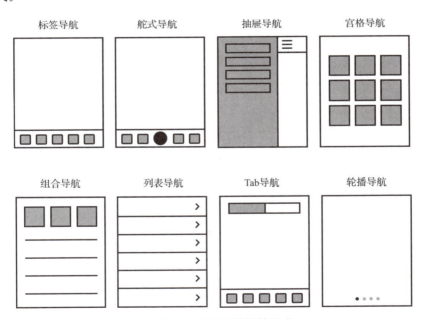

图 5-36　八种常用的导航方式

图 5-36 所示的八种导航方式，可以混合使用，由具体的产品形态决定使用哪种或者哪几种导航方式。例如，上面举的股票 App 的例子，就是采用底部标签导航＋列表导航的方式实现的。对于每种导航的具体使用场景和方法，读者可以找相关资料进一步了解，这里就不过多介绍了。

当然，在设计大数据分析平台的时候，也可以采用抽屉导航＋列表导航的形式，如图 5-37 所示，这样会更加符合用户在 PC 端的操作习惯，让用户能够快速找到业务指标。但是，在设计导航结构时，总的原则是通过合理的设计，达到交互上的最优化。这个过程也是一个不断迭代的过程，从最开始的列表导航，到 Tab 导航，到最后尝试使用导航组合的方式，都是结合业务及产品的不断发展而演进的，没有一成不变的导航方式，也没有任何一个导航方式适合所有业务。

图 5-37　抽屉导航＋列表导航的形式

然后，再来看一下页面的基本元素。一款移动端大数据分析平台，除了导航栏、筛选器、功能按钮之外，还有数字、表格及图形等元素，它们是大数据分析平台这款产品的实体。

关于数字，数字作为一个直观、简洁的展现形式，具有视觉冲击力，能够让用户很快地了解到业务情况，而且不会占用太多空间，是很不错的展现方式。但是如果想更深入地了解数字背后深层次的含义，如最近一段时间内的变化趋势、各维度下的分布情况等，这些便无法直观地体现，需要配合其他样式的图表展现。

针对数据的内容与用户群体，可以选择不同的展现方式。其中，数字的展现方式主要应用于展现业务核心指标数据的应用场景。在如图 5-38 所示的主页位置放入诸多核心指标数字可以快速地了解业务的数据情况，对数据有一个概览。

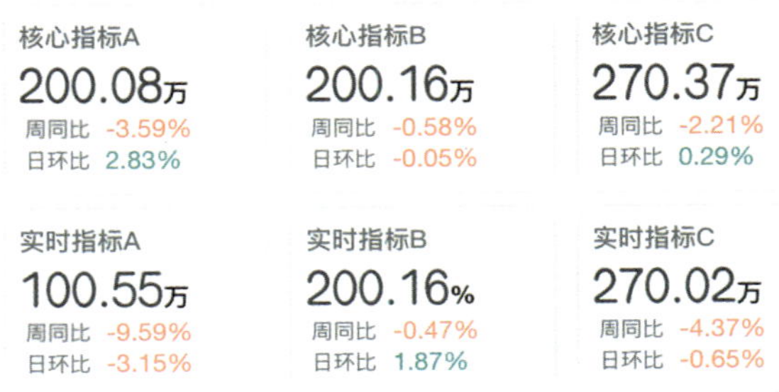

核心指标A
200.08万
周同比 -3.59%
日环比 2.83%
核心指标B
200.16万
周同比 -0.58%
日环比 -0.05%
核心指标C
270.37万
周同比 -2.21%
日环比 0.29%
实时指标A
100.55万
周同比 -9.59%
日环比 -3.15%
实时指标B
200.16%
周同比 -0.47%
日环比 1.87%
实时指标C
270.02万
周同比 -4.37%
日环比 -0.65%

图 5-38　BigNumber 用来展现核心指标

关于图形，在 PC 端大数据分析平台中已经有相关介绍，这里对图形样式就不做过多介绍，但是要注意在手机端 App 中，可展现区域的大小有限，而图形在 App 中占用的屏幕空间实在太大了，对于 iPhone 6 的 4.7 寸屏幕来说，竖屏放 3 个图形已经占据全屏了，要想再放入其他内容，必须从交互设计上入手。例如，如图 5-39 所示，可以通过屏幕左右滑动展现更多图形，设置多个 Tab 进行切换等。

模块A
模块B
模块C
模块D
模块E
支付转化率
67.25%
0.9
0.88
0.86
0.84
0.82
0.8
2018-12-23
2019-01-02
2019-01-12
2019-01-
购买率
74.29%
0.95
0.94
0.94

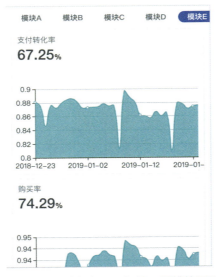

图 5-39　通过多个 Tab 切换不同模块图形

在确定了页面的主体架构之后,接下来要考虑的就是页面之间的导航和元素如何搭配,以组成整个移动端数据产品的脉络,在结合具体业务需求的情况下,以分层展现数据逻辑思路,要考虑突出业务指标的层次结构,让用户快速高效地获取数据。常用的设计方式主要有以下三种。

(1)瀑布流平铺方式。这是最简单的一种方式,直接把要展现的所有内容以平铺的方式展现在程序中,随着屏幕的下滑,可以依次浏览数据情况,如图 5-40 所示,瀑布流平铺方式要能够确保在指标不多、数据内容为高粒度汇总的情况下使用,一般用在产品初期阶段,数据内容没有做任何分层。平铺方式如果没有其他导航方式辅助,例如底部标签导航、抽屉导航辅助,那么能承载的内容与体验成反比。也就是说,业务的不断发展和指标等数据内容的增多,会导致页面越来越臃肿,用户体验越来越差。用户要不断下拉屏幕以保证内容信息的获取,如果想瞬间定位到某一块内容,就需要增加搜索功能。

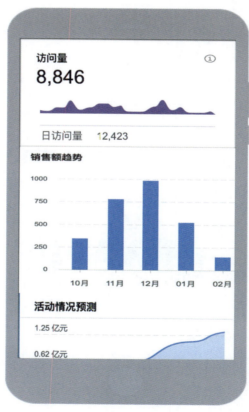

图 5-40 瀑布流平铺方式展现信息

(2)名片导航方式。顾名思义，就如同名片，按照业务方向分类。在大数据分析平台中，导航名片一般用 BigNumber 展现，如图 5-41 所示。每一个名片代表一个业务模块或者某个核心指标，用来展现如访问人数、新访问人数等高粒度汇总的核心指标数据，这样就可以对业务的情况有了直观的了解。如果想进一步分析该业务的更多详细数据，那么可以点击该业务名片，导航到下一级页面来查找更多详细数据。下一级菜单依旧可以按照名片的方式展现，也可以用其他方式展现，如 Tab 页、折线图、明细数据表格等。但是我们可以看出，整个过程仍然遵守由汇总数据到明细数据的层次递进原则，根据数据的粒度由总向细依次展现。

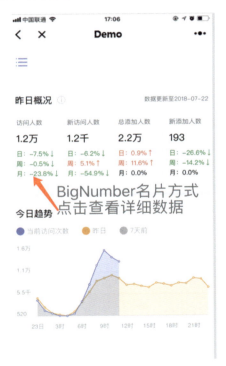

图 5-41 名片导航方式

九宫格的使用与名片导航的方式类似，对有很多功能模块的产品很适用。每个功能模块可以作为一个入口，而每一个九宫格都是一个功能入口，如图 5-42 所示，业务模块 A、业务模块 B、业务模块 C、业务模块 D 都代表一个业务模块的功能入口，点进去可以展现该业务数据。对于用户来说，这样做的好处是可以很快地找到自己关心的业务模块，而对于平台而言，可以更好地控制模块的权限，给不同身份的用户分配不同模块的权限。

图 5-42 九宫格展现方式

（3）Tab 或者下拉切换方式。它会将数据内容切分成多个部分。各个分层在同一级，并且每个部分还可以配合其他导航方式继续向下级延伸。如图 5-43 所示，可以通过下拉切换实现活跃用户、沉默用户等指标数据的展现。

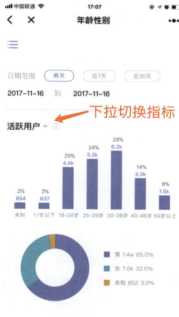

图 5-43 下拉切换指标

通过上面的介绍可以看出，在大数据分析平台的主体框架确定好以后，页面内的导航的灵活性会更好，可以借鉴更多的导航方式灵活组织，但是始终要围绕保证用户高效获取数据这一点。

5. 其他一些局部细节问题

如何评价一款产品呢？我觉得一句话说得特别好，"细节决定成败"。一个移动端大数据分析平台，也要经过不断打磨，优化局部细节问题，让用户操作简单，数据易读，真正做到好用，而不仅是能用。

我们先来看图 5-44 所示的横向排列布局和图 5-45 所示的竖向排列布局两款页面的设计方式。

图 5-44　横向排列布局

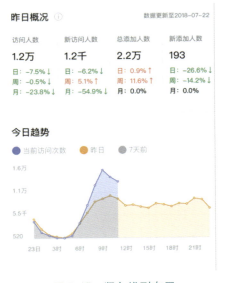

图 5-45　竖向排列布局

图 5-44 把核心指标放置在屏幕左边，把与指标关联的图形放置在右边。这种模式的缺点是在手机显示控件有限的情况下，图形显示很小，不易于查看数据。图 5-45 把与指标关联的图形放在屏幕最下方，把各种不同的业务核心指标放置在上方。这样，点击后，图会显示为点击的业务数据内容，随之变化。因此，图 5-45 的方式更易于用户的操作和信息的展现。

虽然现在手机的屏幕已经达到了 6.5 寸或者更大一些，但是相对于 PC 端的屏幕而言，可利用空间还是有一些限制的，特别是对于表格详单数据的展现，如果要适配屏幕更小的手机，移动端一般在竖屏的情况下，最多展现 4 列数据，如

图 5-46 所示。移动端只适合放一些字段较少的表格展现，如果数据内容很多，就会显得很拥簇，视觉效果会大打折扣。另外，如果像 PC 端一样，对表格使用滑动条的方式展现更多数据，那么操作起来会很不方便。因此，建议移动端少用和慎用表格展现数据。

留存率明细			
日期	1天后	2天后	3天后
8-14	50%	50%	52.1%
8-13	24.9%	22.9%	23.9%
8-12	24.9%	22.9%	
8-11	24.9%		

图 5-46　小屏幕手机表格展现样式

在移动端，图形显示的信息不能太多，这样容易造成页面混乱而失去了信息重点。例如，竖向柱状图不能把柱状图中的每个数字指标都显示出来，如果指标数值过大的话，就会造成数字都叠加在一起而看不清楚，可以考虑在竖向柱状图中不展现数值，通过点击柱状图，然后显示具体数值的方式避免，如图 5-47 所示。

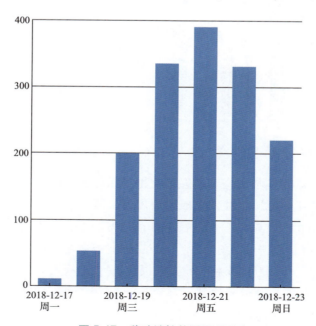

图 5-47　移动端柱状图展现形式

在用折线图展现数据的时候，因为 Y 轴是从 0 开始的，如果业务指标过大，那么很容易造成指标趋势线波动很小，就如同一根直线一样，很难看出变化的波动情况，如图 5-48 所示。因此，要根据指标的最大值和最小值合理设置 Y 轴区间，做到对区域的放大，进一步放大业务指标的趋势。

图 5-48　没有合理设置 Y 轴区间的展现

如果以 0 为起点，那么很难看出波动情况，在放大 Y 轴区间后，能够让指标的变化趋势更加直观，如图 5-49 所示。

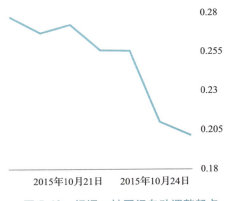

图 5-49　根据 Y 轴区间自动调整起点

在移动端，如果展现的业务指标是一个大数，那么可以对指标进行上卷，例如以万为单位，像 153 240 这样的数据就可以展现为 15.32 万，会更加简洁、清晰，数据上卷的策略如表 5-1 所示。

表 5-1　大数在移动端的数据上卷展现策略

类别	策略
中文版	当数值 <1 万时，显示数值本身； 当 1 万≤数值 <1 亿时，自动上卷到以万为单位； 当数值 >=1 亿时，自动上卷到以亿为单位
英文版	当数值 <1 千时，显示数值本身； 当 1 千≤数值 <100 万时，自动上卷到以千为单位，英文字符显示 K； 当数值 >=100 万时，自动上卷到以百万为单位，英文字符显示 M

通过上面的介绍，我想读者对移动端的数据平台设计已经有了初步的了解，读者可以结合自己公司的业务情况，结合具体需求和实际情况，设计适合公司的移动端大数据分析平台，并不断迭代优化，让数据更好地驱动业务发展，充分发挥平台的价值。

5.4　大数据分析平台走进传统行业

随着移动互联网红利的消退，各大企业纷纷开始注重 2B 业务的发展，并加速向传统产业渗透，驱动生产方式和管理模式变革，推动制造业向网络化、数字化和智能化方向发展。在这个过程中，大数据分析平台作为数据展现和业务分析的一种产品形态，发挥了越来越重要的价值。

以联想工业大数据分析平台 LeapIOT 为例，它是利用大数据技术开发搭建的为工业企业服务的一体化信息平台，已经在工业领域崭露头角。

在大数据时代的背景下，随着国家高新技术产业的快速发展，我们已经逐渐从一个制造大国转变成了制造强国，而面对如此的契机，如何把握住时代发展的机遇，利用工业大数据助力企业产业升级，正是我们需要深刻思考的。在工业互联网中，数据更贯穿着企业整个产品生命周期，从客户的需求到概念设计、详细设计、工艺仿真、生产制造、供应链以及售后服务全过程，都会产生大量的数据。如何获取数据、存储管理这些数据、充分挖掘数据的价值？如何用数据驱动企业的业务运作和正确决策？这些问题如今成了制造企业推进大数据应用，进行数字化转型绕不过去的问题。

工业大数据分析平台可以为工业的产品研发提供优化和产品迭代方案，为企业创新提供新的方向。比如，在企业产品创新方面，在大数据分析平台的基础上，大量的数据挖掘、分析能够让企业更了解客户使用产品的情况，并深度挖掘用户需求，寻找产品迭代的方向，为产品的进一步优化和创新提供分析依据，助力企业用数据驱动决策。总的来说，工业大数据分析平台的应用价值主要可以体现在以下几个方面：

（1）提高企业生产效率，通过数据驱动，提升产品的质量。

（2）利用数据精细化管理，可以降低生产成本，找出关键环节，真正实现节能减耗。

（3）为产品创新提供数据依据，加速产品迭代，根据用户需求实现大规模生产。

（4）利用智能化管理，加快企业生产，提升企业竞争力。

在工业大数据方面，联想推出了针对工业大数据的一站式应用平台 Leap 系列解决方案，图 5-50 所示为 Leap 家族中 LeapIOT 的产品架构图。LeapIOT 已经先后与汽车、医药流通、重装制造、能源、教育等多行业客户展开合作，通过联想大数据平台 Leap 家族产品和解决方案向行业客户赋能。

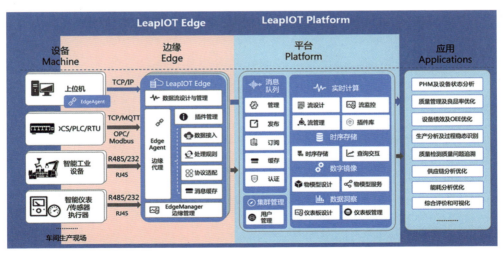

图 5-50　LeapIOT 产品架构（图片来自联想大数据官网）

第 6 章　用户行为分析平台实践

6.1　用户行为分析平台的前世今生

6.1.1　用户行为分析平台的背景

如图 6-1 所示，中国互联网从 1999 年的门户网站开始，先后经历了 2005 年的社交网络、2009 年的电子商务、2012 年的移动互联网和现在的所谓的互联网+。然而，随着互联网的不断发展，流量红利不断消退，市场竞争逐渐加剧。在 PC 互联网时代，网民数量的年增长率达到 50%，随便建个网站就能得到大量的流量。在移动互联网早期，App 也经历了一波流量红利，获取一个用户的成本不到 1 元。而近几年出现的情况是，获取用户的成本越来越高，有一个更可怕的现象是，在用户的手机里，在过去一段时间不断地装 App，而现在不断地删 App，并且中国用户的手机拥有率已经达到饱和，2017 年的推广费用比 2016 年上涨了近 30%。随着流量增长的红利消退，竞争越来越激烈，每个领域均有成百上千的同行竞争，获客成本也飙升到企业难以承受的水平，业务增长越来越慢甚至倒退。

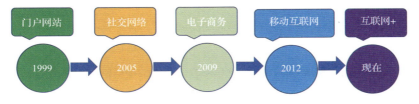

图 6-1　中国互联网发展时间线

在获取用户成本增高、竞争逐渐加剧的环境下，如果企业不能充分挖掘数据的价值，用数据驱动业务，精细化运营产品，提高企业效率，降低运营成本，那么企业必然缺乏竞争力，进而失去市场份额。目前，各大互联网公司已经由2C转型到2B，希望为越来越多的企业实现互联网化、数据化，并在此基础上提供更多的解决方案来让整个产业经营再上一个台阶，进一步提升企业效率和降低成本，让消费者享受更好的服务，推动整个产业发展。

随着流量红利的结束，企业开始更多地关注用数据驱动、精细化运营产品，而这些事情的背后，都是基于大数据进行分析的。前面章节介绍的大数据分析平台，主要针对结果类的数据进行分析，而缺乏对App或者网站用户使用行为过程的分析，因此数据分析的价值缺少了进一步对用户的认识。通过对用户行为分析，企业可以掌握用户从哪里来、进行了哪些操作、为什么流失、从哪里流失等，从而提升用户体验、平台的转化率，用精细化运营可以使企业获得业务增长。

用户行为分析平台就是对用户在App或者网站浏览、点击等这些行为进行大数据统计分析，发现用户使用产品的行为规律、对产品功能的使用喜好程度，把这些结果应用于产品的营销、运营以及产品版本优化中，真正实现数据驱动，用数据精准运营与营销，获取更多的用户增长与更好的产品体验。

用户行为，是指用户使用App、小程序或者Web程序所产生的点击和浏览等交互行为。用户的这些交互行为，有的仅仅引起一些前端页面的变化，有的还需要请求后端服务器，并根据服务返回的结果做不同的处理，这也是为什么埋点要分前端埋点与后端埋点的原因。但是，不管是引起前端页面的变化还是要与后端交互，都需要通过埋点把用户的行为事件记录并上报到用户行为日志中，然后数据仓库对这些行为日志清洗、转化和处理，用户行为分析平台就会基于这些数据，展现用户的留存、转化及用户行为路径等功能，驱动业务增长或者产品优化。

以摩拜用户注册的流程为例，如果仅仅依靠后端业务数据库，那么我们只能知道活动带来了多少新注册用户。而通过采集用户在前端的操作行为，则可以分析出整个过程的转化情况：进入主页的用户数→点击"登录"按钮跳转到登录页面的用户数→点击"获取验证码"按钮的用户数→点击"开始"按钮的用户数→真实注册的用户数。当然，还可以得知多少人通过微信或者QQ进行注册，流程如图6-2所示。而前端用户行为数据的价值不仅限于这样的转化率分析，还可以用于挖掘出更多的有用信息，甚至可以与产品业务结合，比如可以进一步分析用户在哪一步流失了、流失后在App又进行了哪些操作，这样可以进一步提升用户的注册率等，从而优化业务。

第 6 章 用户行为分析平台实践

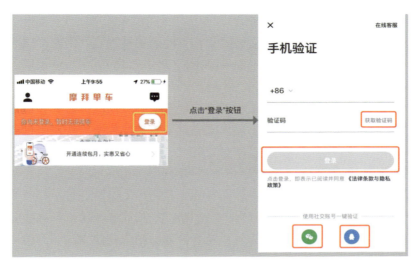

图 6-2 摩拜用户登录和注册流程

通过上面的介绍可以发现,用户行为分析平台是企业精细化运营和数据驱动的必备工具,它通过全面的用户行为埋点、统一的上报方式和统一的数据格式,搭建出了用户行为数据体系,并充分利用用户行为数据,挖掘用户留存、用户画像、用户行为路径等数据价值,帮助企业用数据驱动业务增长。当然,现在市面上也有类似的商业化产品可以使用,例如神策数据、GrowingIO 等。如果公司更关注数据在产品运营方面的应用,不想在技术数据接入方面投入过多的人力,同时希望通过数据分析产生实际的效果,那么可以直接使用类似的第三方产品服务,如果公司内部有一定的人力和资源支持实现自己的用户行为分析平台,那么可以阅读接下来的章节,了解如何实现一款大数据用户行为分析平台。

6.1.2 用户行为分析平台的应用场景

用户行为分析平台在各个领域都有很广泛的应用。下面,我们结合电子商务和互联网金融这两个细分领域,介绍一下用户行为分析平台所起到的作用。

1. 电子商务

电子商务领域特别关注获取用户的成本、用户的留存率、活跃度和用户生命周期价值等指标,这些都会影响网站的 GMV 和盈利能力。用户行为分析平台中的用户留存、转化等功能,就是为分析这些指标设计的功能,并且通过用户分群和用户行为细查等功能,可以进一步了解用户对电商 App 或网站的使用规律,更有益于改进产品流程、提升服务。

如何提升电子商务业务的支付转化率是电商公司最关心的问题，然而现实情况是，消费者面对应用中琳琅满目的商品推广不知道如何下手，更找不到自己想买的商品在哪里，往往在网站或者App上浪费了很长时间，也没有找到想要买的商品，而电商类平台产品则希望引导用户快速找到心仪的商品，并让用户看到清晰的详情介绍，最终通过便捷、易懂的支付步骤完成购买，快速下单完成付费转化。

面对这种情况，用户行为分析平台的用户路径分析功能便起到了很大的作用，使用该功能可以查看用户在站内操作浏览的完整路径，以及在各个功能模块的流转情况，找到最优路径和可能有潜在问题的路径，从而不断优化产品业务流程和功能布局，并针对用户从注册到订单成功支付的整个流程建立漏斗分析模型，如图6-3所示，分析用户在各个步骤的转化和流失数据，找出影响转化和用户流失的原因，并有针对性地优化问题，提升注册率和支付转化率，不断提升用户体验，全面了解用户的行为数据。

图6-3 用户行为分析平台在电商领域中的应用

2. 互联网金融

借助大数据用户行为分析平台，我们可以准确地把用户的需求和行为数据结合起来，互联网金融的主要用户行为如图6-4所示。用户行为分析平台提供的事件数据采集、用户分组、各环节漏斗分析等功能简单易用，灵活的交叉分析功能可以帮助一线业务人员便捷地分析用户行为，进而洞察用户，为制定运营增长策略提供数据支撑，有助于一线业务人员实时调整服务，不仅极大地提高了在线投保率，也加快了市场应变速度。

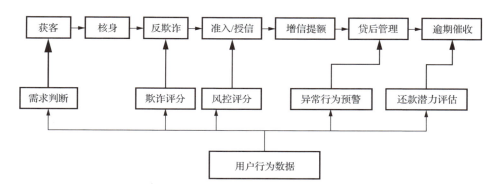

图 6-4　互联网金融的主要用户行为

在互联网金融领域，风险控制始终是公司最关注的一大问题，年龄、收入、职业、学历、资产、负债等信用数据与信用相关度高，可以反映用户的还款能力和还款意愿。但是除了这些强相关的数据之外，一些用户行为数据对信用风险评估也具有较大的影响，而用户行为分析平台可以对用户的行为偏好采集和分析，补充了用户画像所需的行为指标，更全面地反映了用户的还款能力和还款意愿，增强了识别欺诈用户的能力。

同时，利用事件分析模型，可以更有针对性地了解新用户的转化率，并制定运营策略。例如，发现某些新用户频繁浏览借贷页面，但是始终没有产生借贷行为，可以确认这批用户应该有强烈的借贷意愿，但是可能因为贷款利率较高或者贷款分期较短等原因迟迟没有借款。于是，可以根据用户的需求定制活动策略，给对贷款利率敏感的用户发一些利率优惠券，进一步促进新用户的转化。

对于一些返现等运营活动，因为存在利润空间，特别是活动规则简单的，都会招来一批羊毛党，而如何识别羊毛党，特别是作弊用户，一直是活动运营头痛的地方。用户行为分析平台可以从渠道源头抓起，通过活动运营一段时间的留存数据，发现留存率超低的渠道，还可以研究用户在 App 中的行为记录（例如某些用户刚完成注册就直接打开活动页面，除此之外再没有其他任何页面的行为），并且针对用户在应用中的行为数据，建立风控模型，找出活动中的作弊用户，让更多的真实用户参与到活动中，降低用户获取成本。

6.2 用户行为分析平台的功能

用户行为分析平台主要有事件分析、留存分析、转化分析、用户分群、用户行为细查、用户行为路径分析等功能,通过精准数据分析可以提升企业营销、产品、运营的转化率,使企业经营更科学、更智能,下面将逐一介绍每个功能的设计及实现。

6.2.1 事件分析

事件分析,是指基于事件的指标统计、属性分组、条件筛选等功能的查询分析。通过事件分析强大的过滤、分组、创建组合指标等功能,我们可以对预先设计好的埋点数据进行不同维度的分析,可以实现大多数需要执行 SQL 语句才能完成的分析工作,从而提高了分析效率,例如:

(1) 查看最近 30 天产品的 DAU 变化趋势。
(2) 查看几个特定应用渠道的客户端上 Push 的人均点击次数对比。
(3) 查看最近 30 天用户每天对不同类型文章的人均阅读时长。
(4) 查看使用不同操作系统的用户的文章点击率,同时可以根据文章的类别对数据分组对比查看。

相对于传统的数据分析方式,事件分析有着强大的即时性、可视性和灵活性。根据产品特性合理配置埋点事件和事件属性,可以激发出事件分析的强大潜能,回答关于变化趋势、维度对比的各种细分问题。

在介绍事件分析功能之前,我们首先要明确两个概念,事件与公共属性。

1. 什么是事件

事件是追踪或记录的用户行为或业务过程。事件是通过埋点记录,通过 SDK(Software Development Kit,软件开发工具包)上传的用户行为或者业务过程记录。例如,一个视频内容类产品可能包含以下事件:①播放视频。②播放暂停。③继续播放。④分享。⑤评论。

一个事件内可能包含数个事件属性(Param),记录详细描述事件的各种维度信息。例如,"播放视频"事件可能包含以下事件属性:① enter_from(视频的展现来源)。② is_auto_play(是否自动播放)。③ play-form(视频播放的形态,主要区分详情页、列表页和全屏)。

2. 什么是公共属性

我们将所有事件都具有的一些维度抽象出来称为"公共属性"。例如，用户年龄、用户性别、操作系统、App 版本等。

根据公共属性改变频率，我们又将它们分为用户属性和设备属性。

（1）用户属性（User Profile）。用户属性指描述用户自身状态的属性，这些属性一般不会或极少发生变化。例如，年龄、性别等。数据仓库将这些属性存在用户属性表中，该表仅储存各用户属性最新的状态。

（2）设备属性（Device Profile）。设备属性从广义上来说指除了用户属性之外的一切公共属性。几乎每个事件都有这些属性，且经常随时间发生变化。例如，操作系统、软件版本、软件渠道等。数据仓库将这些属性随各个事件存在事件表中，以记录设备属性变化前后的所有状态。

如图 6-5 所示，在事件分析前，首先选择要分析的事件，可以对事件总次数、总用户数、渗透率、人均次数、事件频次分布、按指标属性求和／平均值／人均值等进行统计分析，事件统计指标的含义和应用场景如表 6-1 所示。同时，可以支持选择多个事件进行分析统计。最后，可以创建组合指标，这类似于大数据分析平台的计算字段，是把两个或者两个以上的指标按一系列规则计算得出的一个新的指标，组合指标可以覆盖大多数需要用到自定义公式的场景。比如，推送点击率（推送点击总次数／推送接收总次数）、文章阅读率（文章展现总次数／文章点击总次数）等，可以查看第 5 章的计算字段相关内容详细了解，这里不做赘述。

图 6-5　创建事件分析

表 6-1 统计指标的含义与应用场景

统计指标	含义	应用场景
事件总次数	统计发生事件的总次数，即 PV	统计文章点击事件的总次数，即文章点击总数
总用户数	统计发生目标事件的人数，即 UV	统计点击文章的总用户数，即点击文章的总用户数
渗透率	发生目标事件的人数 / 产品活跃人数	文章点击渗透率
人均次数	发生目标事件的总次数 / 总用户数	文章人均点击次数
事件频次分布	对事件发生频次求分布	每天播放不同次数视频的用户分布
按指标属性求和 / 平均值 / 人均值	按照某事件属性求和 / 平均值 / 人均值	对视频播放事件求单次平均播放时长或者人均视频播放时长
组合指标	利用预置的函数自定义组合指标	计算渗透率、行为转化率等指标

另外，在设置事件分析的时候，还支持按照事件属性分组，便于对事件进行指标对比。按维度查看数据，可以进行更加精细化的分析，并支持通过多个维度分析数据。同时，在查看多个指标时，默认优先展现指标。

例如，某产品近期通过不同渠道进行了推广，新用户量大增。通过查询"注册"事件的"触发用户数"，并"按照渠道分组"，可以对比不同渠道带来的增长效果。

图 6-5 所示的用户选择功能，在创建事件分析时可以支持对用户进行设置，用户选择模块主要针对事件的公共属性进行操作，可以实现如下功能：

（1）可以按照事件的公共属性筛选。

（2）可以添加不同筛选条件下的对照组，最多支持添加 10 个对照组，可以将已配置好的对照组复制为新的对照组。

（3）支持按照公共属性分组。

在创建完事件后，可以查询事件的相关数据，如图 6-6 所示，这里可以选择时间类型，既可以按照时间单位（天、小时、分钟）等时间粒度查看，又可以选择按照时间段汇总 [例如，按天（日期）汇总]，查询会将当前时间段内的数据汇总到一起，得到天级别的汇总数据。数据在展现形式上支持折线图、柱状图、堆叠图、饼图、百分比图，便于多种样式展现，满足不同情况的分析需求。

如果在技术上对实时数据处理有一定积累，还可以为事件分析增加支持实时数据查询功能，能够在小时级数据下查看今天的实时数据，也可以查看分钟级的实时数据。

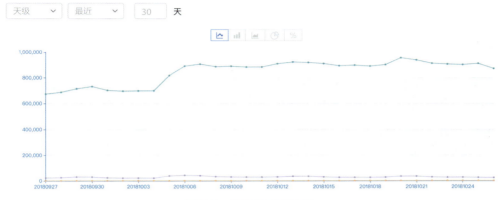

图 6-6　折线图展现数据

最后，用表格展现事件分析的详细数据，如图 6-7 所示，可以展现事件指标、用户属性、总数、平均值以及日期等数据。

（1）事件指标：表示该行数据对应的事件指标，明确针对事件的统计方式。

（2）用户属性：表示用来分组的公共属性名称。

（3）总数：表示 30 天 /60 天内该指标的总值。

（4）平均值：表示该指标按天求平均值的结果。

（5）日期：分别列出了过去 30 天 /60 天内每一天该指标的数据，可以左右滑动窗口查看更多数据。

事件指标	用户属性	总数	平均值	2018-10-26(周五)	2018-10-25(周四)	2018-10-24(周三)	2018-10-23(周二)	2018-10-22(周一)
app_launch(总用户数)	老用户	25,421,046	847,368.20	872,408	912,351	903,086	907,009	913,357
app_launch(总用户数)	新用户	881,018	29,367.27	23,824	25,765	27,194	27,187	28,977
check_in(人均次数)	老用户	110.9	3.696	3.647	3.682	3.663	3.667	3.627
check_in(人均次数)	新用户	67.91	2.264	2.195	2.243	2.355	2.219	2.187

图 6-7　表单展现详单的详细数据

事件分析会更真实且全面地还原用户与产品的交互过程，通过研究与事件发生关联的所有因素挖掘用户行为事件背后的原因，快速定位影响转化的关键点，提高运营效率。此外，事件分析也是留存分析、漏斗分析的基础，这些功能可以科学地揭示出用户个人和群体行为的内部规律，并据此做出理论推导，不断在业务实践中优化商业决策和产品功能。

6.2.2 留存分析

留存分析是一种用来分析用户参与情况、活跃程度的分析模型，通过对用户在产品中的留存现象进行分析，判断用户参与情况与活跃程度的关系，并观察在发生起始事件的用户中，有多少发生了回访事件。通过留存分析，我们能够得知为什么用户在使用后能回到我们的产品中，或者为什么流失了，从而判断产品对用户的黏性，衡量产品功能对用户的价值。

图 6-8 为监控留存率等数据优化产品的流程，通过用户行为分析平台的留存分析功能，我们可以发现新用户是否完成了我们期望的转化。例如，在新用户中有多少用户发生了支付成功的行为，在通常情况下，用户在早期流失现象非常严重。我们需要让用户快速、容易地体验到产品的价值。一旦用户发现产品对自己的价值，继续使用和探索产品新功能的概率就会增大很多。

在上线了某个产品功能后，用户的留存率是一个很好的验证指标，用户的留存率升高了吗？这是一项判断某项产品改动是否成功的比较重要的指标，用于分析用户对不同产品功能的使用黏性与活跃度。我们不仅需要关注整个网站或 App 的留存，还需要关注核心行为的留存率，比如重复购买的情况。在对产品进行迭代时，我们还可以使用产品的留存功能观测这个功能的留存率整体有没有提高。

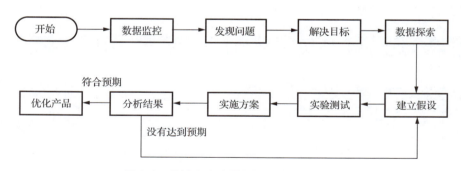

图 6-8 监控留存率等数据优化产品流程

在设计留存分析功能之前，需要先了解两个概念：起始事件和回访事件。起始事件是计算留存行为的依据事件，用来圈定留存分析中研究的目标用户群，例如起始时间选择 2018 年 10 月 31 日，起始事件选择 app_launch，则 10 月 31 日的目标用户数为 10 月 31 日内所有做过 app_launch 的用户，那么就圈选了这部分用户群体作为计算留存的依据。在做了起始事件的用户中，在其后第 N 天做了产生回访事件的用户则算作产品的 N 日留存用户。例如，起始事件为 app_launch，回访事件为 video_play，某用户在 2018 年 10 月 31 日做了 app_launch，在 11 月 2 日做了 video_play，则该用户是该产品 10 月 31 日的 2 日留存用户。

留存率的计算公式：某一天的 N 日留存率＝该天的 N 日留存用户数/该天的目标用户数。

在明确了概念之后，我们就可以开始设计用户行为分析平台的留存分析功能了。首先，要实现时间选择和用户选择功能，即可以选择或者自定义起始和回访事件，同时支持按照事件选择或者用户选择添加对照组，并能够支持事件属性、公共属性的过滤和公共属性的分组，供用户完成相关参数的选择设置。

首先，进行事件选择，如图 6-9 所示，事件选择首先要选择参与留存分析的起始事件，可以设置过滤条件；然后，选择参与留存分析的回访事件，可以选择多个回访事件形成对照组，最多可以选择两个回访事件。

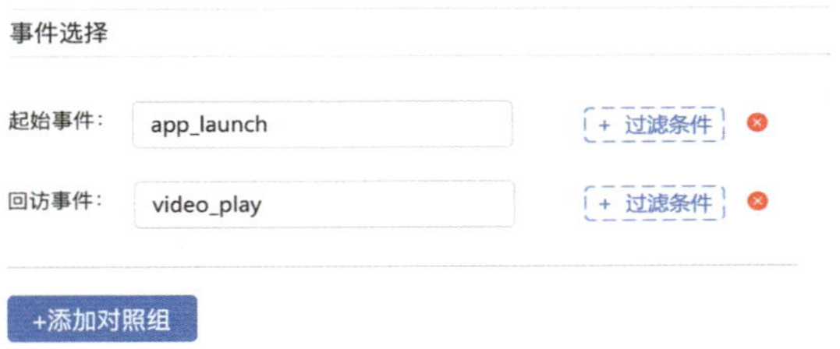

图 6-9 事件选择

接下来，选择用户，如图 6-10 所示。用户选择模块主要针对事件的公共属性进行筛选操作。另外，可以添加不同筛选条件下的对照组进行对比。同理，为了方便操作，可以将已配置好的对照组复制为新的对照组；如果想要按照分组展现，那么可以支持按照事件公共属性分组。

图 6-10 用户选择

在设置完事件和用户后,便可以查看此筛选条件下的留存情况,结果展现最好为留存趋势曲线(如图6-11所示)和留存数据详细表格(如图6-12所示)。这样,用户在查看具体留存数据的时候,还可以观察留存趋势,可以了解包括选定时间范围内的总体数据、每一天的多日留存率变化趋势和选定时间范围内的每一天第 n 日留存率变化趋势在内的所有数据情况。

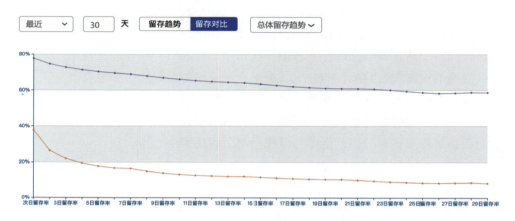

图 6-11 留存趋势曲线

事件/日期	用户属性	用户数/个	次日留存率	2日留存率	3日留存率	4日留存率	5日留存率	6日留存率	7日留存率	8日留存率	9日留存率	10日留存率	11日留存率	12日留存率
> Ⓐ app_laun...	老用户	24548638	77.58%	74.54%	72.65%	71.22%	70.18%	69.42%	68.80%	67.77%	66.77%	65.93%	65.22%	64.68%
> Ⓑ app_laun...	老用户	24548638	77.58%	74.54%	72.65%	71.22%	70.18%	69.42%	68.80%	67.77%	66.77%	65.93%	65.22%	64.68%
> Ⓐ app_laun...	新用户	857194	37.77%	26.31%	21.82%	19.26%	17.57%	16.57%	16.28%	14.81%	13.70%	12.99%	12.49%	12.19%
> Ⓑ app_laun...	新用户	857194	37.77%	26.31%	21.82%	19.26%	17.57%	16.57%	16.28%	14.81%	13.70%	12.99%	12.49%	12.19%

图 6-12 留存数据详细表格

在一般留存应用中,观察用户的留存率一般为次日留存率、7日留存率、14日留存率、30日留存率。因此,在详细表格数据中可以支持以上四种留存数据。表格按顺序列出了每个分组的四个留存指标在所选时间范围内每一天的变化;同时,还可以展现单日留存率。对于单日留存率计算,这里的留存用户数为当日发生了起始事件的新用户在次日发生了回访事件的人数。以2018年10月27日为例,此日的留存率=2018年10月27日的次日留存人数/2018年10月27日的总用户数。

留存分析是AARRR模型中重要的环节之一,只有做好了留存分析,才能保障新用户在注册后不会白白流失。这就好像一个不断漏水的篮子,如果不去修补底下的裂缝,而只顾着往里倒水,那么水是很难持续增多的。

6.2.3 转化分析

在互联网产品和运营的分析领域中，转化分析是最核心和最关键的场景。以电商网站购物为例，一次成功的购买行为要依次涉及搜索、浏览、加入购物车、修改订单、结算、支付等多个环节，任何一个环节出现问题都可能导致用户最终购买行为的失败。在精细化运营的背景下，如何做好转化分析是提升业务的一个重要方式。

什么是转化？当用户向你的业务价值点方向进行了一次操作，就产生了一次转化。这里的业务价值点包括但不限于完成注册、下载、购买等行为。每一次大的转化都包含若干个小的转化环节，在效果可视化上，普遍使用转化漏斗展现这一过程。漏斗图描述了一个有序的多步骤过程，并展现了用户在该过程中的转化流失情况，在每一步中完成转化的用户数用条形展现。因为条形会随着步骤增多而缩短，从整体来看像一个漏斗的形状，故称之为"漏斗图"，如图 6-13 所示。

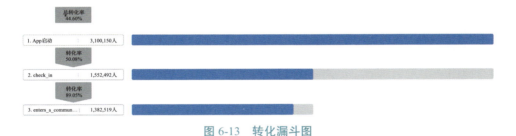

图 6-13　转化漏斗图

例如，我们把用户观看视频的整体流程用漏斗图表示，可以把这个步骤分为四步：首先，点击视频；然后，视频加载；接着，视频开始播放；最后，视频播放完成。将这几个步骤建为一个如图 6-13 所示的漏斗图，研究用户在此过程中的转化行为，找出影响用户转化的因素，然后在产品功能或者其他方面寻找优化的方案。

在进行用户转化分析的时候，需要先明确两个概念：窗口期和统计范围。

窗口期指用户完成转化的时间，用户在设定的窗口期内完成完整的转化流程才算转化成功。以上面用户观看视频的整体流程为例，如果窗口期设为 10 分钟，那么只有发生"点击视频"后，在 10 分钟内按顺序完成了"视频加载""视频播放""视频播放完成"的用户才会被算作完成转化的用户。如果在 10 分钟内，用户仅完成了"视频加载"事件，那么该用户被算作在"视频加载"→"视频播放"过程中流失的用户。

统计范围指在本次转化分析中研究的用户所在的时间范围。还以上面观看视频的例子为例,如果选择统计范围为 2018 年 11 月 1 日至 2018 年 11 月 30 日,那么研究对象是这 30 天内所有发生了"点击视频"的用户。

与留存分析类似,如图 6-14 所示,首先要设置事件和用户。在设置转化事件之前,要让用户设置窗口期,可以按照秒、分、小时、天级别设置,例如,选择用户完成转化的窗口期为 10 分钟。

然后,依次选择要分析的转化事件,并设置过滤条件。另外,值得注意的是,转化的概念是针对用户的,利用转化分析我们能够分析出一个用户成为转化用户或流失用户的原因,在使用场景上与事件分析达到互补的效果。因此用于计算转化的单位是用户数,而不是事件次数。事件的转化率,如查询成功率、播放成功率、推送点击率等,均可用事件分析的组合指标完成。

图 6-14　设置事件与用户

在设置完事件与用户后,便可以查询转化的效果数据,为了方便用户查看转化漏斗情况和总体转化率随时间变化趋势,要同时以漏斗图和趋势图两种样式展现。在漏斗图的展现上,为了方便用户从多角度分析转化情况,漏斗图分为单漏斗和多漏斗两种呈现方式。

1. 漏斗图及详细数据

漏斗图用条形表示了各个环节事件的人数比例信息,如图 6-15 所示,其中,流失用户用灰色条形表示,展现此步骤流失的人数情况,并标出了总转化率和每步转化的转化率。通过分析每一步的转化率情况,我们可以发现问题所在,有针对性地优化流程,最大效率地提升转化率。

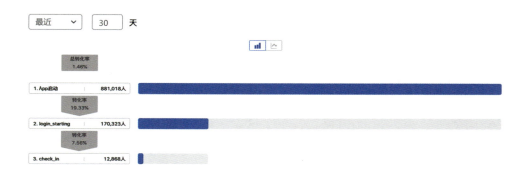

图 6-15　条形漏斗图

转化分析的详细数据可以用表格呈现。漏斗图强调的是参与转化流程的每一步骤人数及其转化率，在漏斗图形式下表格的展现中，要突出总人数和每个步骤的转化率，如图 6-16 所示，表格字段应该分别包括以下几项：

（1）分组：如果漏斗被分组（或者被添加多路径），那么该项列出了对应分组的分组值（或对应路径的分支路径名），展开之后可以查看分天的数据。

（2）总转化率：描述了整个漏斗的总转化率。

（3）总用户数：描述了整个漏斗的总用户数量。

（4）事件分析查询：描述了完成该步事件转化的事件次数和本步骤的转化率（数值上等于本事件转化次数 / 上一事件转化次数）。

（5）转化分析查询：描述了完成该步事件转化的人数和本步骤的转化率（数值上等于本事件转化人数 / 上一事件转化人数）。

分组	总转化率	总用户数	事件分析查询	转化分析查询
> 总体	19.83%	469	62.05%(291)	31.96%(93)
> success	32.75%	284	100.00%(284)	32.75%(93)
> NOT_REACHED	0.00%	178	0.00%(0)	0.00%(0)
> error	0.00%	4	100.00%(4)	0.00%(0)
> queued	0.00%	2	100.00%(2)	0.00%(0)

图 6-16　漏斗图对应的详细数据

2. 趋势图及详细数据

同时，为了方便查看转化率趋势，通过点击展现形式切换按钮，我们可以切换查看总体转化率随时间变化的趋势图，如图 6-17 所示。趋势图将转化时间范围内的数据按日粒度展现，呈现转化率随时间的变化情况。同时，可以查看路径中某一步骤的转化率随时间的变化趋势。

图 6-17　转化率趋势图

趋势图下的表格与漏斗图的展现方式是不同的。趋势图强调的是转化率随时间变化的情况，趋势图对应的表格展现如图 6-18 所示，展现了分组、总转化率以及每天的转化率详细数据，体现了转化率随时间的变化详情。

分组	总转化率	2018-10-14(周日)	2018-10-13(周六)	2018-10-12(周五)	2018-10-11(周四)	2018-10-10(周三)	2018-10-09(周二)	2018-10-08(周一)
总体	17.64%	23.40%	20.83%	18.18%	17.65%	16.32%	14.98%	12.12%
北京	29.50%	45.23%	34.22%	31.09%	28.54%	25.12%	22.33%	19.98%
上海	27.78%	34.87%	32.12%	30.19%	29.19%	27.88%	21.45%	18.77%
广州	21.65%	32.11%	29.98%	23.98%	19.82%	17.22%	15.23%	13.22%

图 6-18　趋势图下的详细数据

转化分析仅用普通的漏斗是不够的，业务人员需要分析影响转化的细节因素，能否进行细分和对比分析非常关键。例如，转化漏斗按用户来源渠道对比，可以掌握不同渠道的转化差异，用于优化渠道；而按用户设备对比，则可以了解使用不同设备的用户的转化差异。例如，对于一款价格较高的产品，从下单到支付转化，使用 iPhone 的用户比 Android 的用户转化率明显要高。

因此可以设置多漏斗进行对比，多个漏斗会在条形图中分组呈现，图 6-19 所示为 Android 平台和 iPhone 平台两个分组的转化率对比，我们可以对两组事件的转化率情况一目了然。

图 6-19 多条形漏斗图对比

6.2.4 用户分群

用户分群就是将全部用户划分成较小的、有共同需求的群组,以此帮助我们更好地了解用户需求,进行有针对性的运营。用户分群能帮助企业更加了解用户。分析不同群组的人群属性、行为特点,可以帮助运营人员更好地发掘产品问题背后的原因,并从中发现产品有效改进优化的方向。因此,用户分群也被称为精细化运营的第一步。

用户分群的两种常用方式:按用户画像属性分群和按用户行为属性分群。

1. 按用户画像属性分群

根据用户画像分群,即把用户信息标签化,打标签的标准主要依照用户的社会属性、生活习惯、消费行为等。用户分群的画像的主要工作是为用户群打标签,标签就是人为抽象出来的用来高度概括、总结某类用户的分组。

具体来讲,当为用户群构建画像时,通常会涉及用户基本特征和用户隐性特征这两个方面。

用户基本特征主要指用户显性特征,所谓显性特征也就是用户直接呈现出来的,包括用户基本信息和应用状态信息。用户基本信息主要包括用户性别、年龄、教育水平、婚姻状况、收入、地域、来源、通勤方式、国籍等。应用状态信息主要包括平台(Android、iOS、Web、小程序)、应用版本、浏览器、网络状况(Wi-Fi 情况下与非 Wi-Fi 情况下)。

用户的基本信息和应用状态信息都是可以通过用户注册填写或者程序获取到

的，也可能大部分用户在使用一些偏工具型的应用时不会填写基本信息，但是通过数据挖掘是可以推断出用户的这些基本特征的，只有明确了这部分信息，才能迈出从全量运营走向精细化运营的第一步。

用户隐性特征主要包括用户消费能力、用户喜好等通过一些算法和规则计算出来的用户特征。用户消费能力主要是指用户对产品价格的接受能力。比如，把一个客单价高的活动分别推送给消费能力高和消费能力低的用户，产生的活动效果完全是不一样的。同样地，用户喜好主要指用户的个人爱好、个人品位等情况。例如，分别为喜欢粤菜和东北菜的用户展现不同的餐厅列表，省去了用户根据自己口味不断查找菜品的麻烦，进一步促进了转化，提升了用户体验，根据用户喜好提炼用户画像标签也是进行用户分群的一种常用方式。

2. 按用户行为属性分群

按用户行为属性分群说的是基于用户在使用网站或者应用时的行为进行细分。按用户行为属性分群可以有两个参照标准：用户来源渠道和用户在网站或者应用内的行为步骤。

用户来源渠道主要指用户转化渠道，不同转化渠道的用户专业度、消费意愿、基本特征是有较大差别的，有时我们很难直接挖掘得那么详细，这时候就可以把用户来源路径作为用户分群的一个标准，针对不同转化渠道进行有针对性的运营。比如，英国高端巧克力零售商 Hotel Chocolat 根据注册渠道细分订阅者。他们建立了一个相对大的邮件清单，包括从他们网站上和实体店里注册的用户，然后给网站注册用户和实体店注册用户这两组用户发不同内容的邮件，通过前后数据对比发现：总体网站收入比平时增长了 12%，平均订单金额比平时增长了 22%。

产品运营人员可以根据用户在网站和应用内的行为步骤，进一步优化产品运营环节的三个要素：拉新、促活、提升转化率。根据用户在应用内的分群进行有针对性地运营是一个提高各环节转化率的有效方式。比如，对电商类平台来说，用户从注册到下单再到付款是一个完整的路径，但用户在每个步骤中都会有一定量的流失，这时候就可以根据用户行为步骤进行有针对性的运营，如在用户下单且一段时间内未付款时，可以把发生这一行为的用户单独分群，图 6-20 所示为创建用户分群，针对这部分用户推送付费提醒短信，提醒用户还有订单未付款，可以有效地提高付费转化率。

第 6 章　用户行为分析平台实践

图 6-20　创建用户分群

同时，可以结合上面提到的事件分析、转化分析、留存分析功能，充分利用用户分群功能。用户分群是依据用户的属性特征和行为特征将用户群体进行分类，创建用户分群后可在事件分析、转化分析、留存分析的用户中选择创建的分群，进一步分析特定用户群体的行为。

例如，想分析最近 7 天发布过内容的用户是否比未发布过内容的用户留存率更高，可以用最近 7 天做过"发布内容"这一事件大于 0 次为条件创建用户分群"发布内容用户"，用最近 7 天做过"发布内容"这一事件等于 0 次为条件创建用户分群"未发布内容用户"。在留存分析的用户选择中，将这两个用户分群作为对照组，查看留存数据情况。

6.2.5　用户行为细查

在大数据被充分利用之前，如果想要了解用户使用应用的方式和路径，那么只能通过抽样的方式试验。我还记得我在刚做产品经理的时候，为了看用户的使用场景和操作习惯，都会随机选择一些志愿者，把他们邀请到公司的会议室，然后当面观察他们的使用情况，这样不仅效率非常低，而且时间成本和人力成本都很高，如果某一个环节出现问题，那么整个试验结论就会受到一定的影响。

在进入大数据时代后，一切都可以通过数据采集和分析的方式还原，我们不仅可以轻松地看到每一位用户的行为轨迹，还可以将用户分群，观察不同群体的用户的行为模式，找到典型的用户使用习惯。

在大多数情况下，对网站或者应用的数据统计分析针对地都是一些宏观数据情况（如一些指标的汇总等），例如查看每天 App 的活跃用户数、统计文章的用户平均停留时长、用户平均点击文章数等，以此判断产品的业务发展情况和用户使用情况。有时候我们还会看某个活动用户使用的行为数据，例如有多少人点击了参与活动按钮，进入活动后又有多少人完成了下单购买，然而，这些都是基于群体用户的表现数据，我们可能并不知道如何让数据以某个用户为单位，呈现出这个用户在网站或者 App 中的真实交互行为，发现他是什么样的用户，都在应用中完成了哪些操作，从而帮助产品运营人员找到出现问题的症结所在，为产品优化提供更多的数据支撑。

例如，某互联网电商平台的购买转化率一直在 40% 左右波动，要想提高转化率，减少用户流失，却不知道应该怎样优化。

在这里，就可以结合用户分群和用户行为细查功能，首先使用"用户分群"功能，将点击了"购买"按钮但最终未能成功提交订单的用户筛选出来，然后通过用户行为细查功能观察用户在购买流程中的交互行为，最终发现了一批典型用户，他们拥有类似的行为模式：由于该电商平台产品设计的问题，用户在订单页无法删掉某一项保险，所以这些用户在下单后，会不断修改订单信息，试图去掉默认的保险，然而在多次尝试无效后，最终失去耐心无奈地放弃了支付购买，最终影响了转化率。

在这个例子中，通过细查功能，产品运营人员能直接观察到用户的行为轨迹，从而发现产品设计中被忽略的部分，找到关键症结，对症下药，进行产品优化。

通过用户分群和用户行为细查，在日常工作中经常需要把满足某个或者某些条件的用户区分出来，然后查看这批用户的一些关键指标和一些行为事件等，例如，想了解 iOS 平台上最近 5 天内连续沉默的用户，使用人员选择这些条件组合后，就可以获取一批 userid 的列表，然后可以查看这批用户中每个 userid 的用户属性、用户行为轨迹、用户活跃度趋势、用户阅读文章列表等信息。由于不方便透露一些用户信息，用户行为细查页面就以原型的形式给予示例，如图 6-21 所示。

用户行为细查功能会以用户在系统中的 userid 为索引，查询到该用户在最近一段时间内的活跃情况。用户的活跃情况可以分两部分展现，第一部分展现用户日粒度的日历热力图，当选择某一天的时候，在下面显示这一天的分钟级粒度的用户活跃曲线，用来全面了解用户对应用的访问次数和访问习惯。第二部分展现该用户的基本信息，包括用户所在地区、使用的设备类型、设备版本等信息，然后显示用户的一些核心指标，比如订阅频道数、本月阅读文章数、最近一个月访问次数以及最后登录时间等。

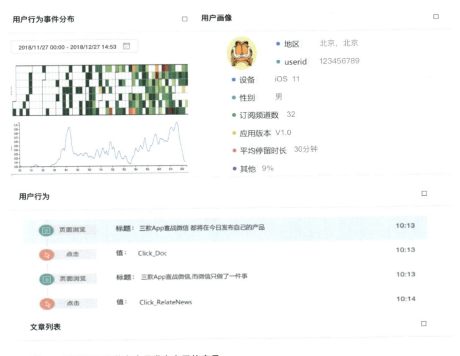

图 6-21　用户行为细查原型页面

在用户活跃度和用户基本信息下方，显示了用户访问的轨迹，即该用户在什么时间打开了 App，输入了什么内容，点击了哪个频道，浏览了哪一篇文章等，并且可以显示该事件的一些详细信息，例如用户都浏览了哪些具体文章等，清晰地还原了用户在产品内每一次点击、浏览行为，产品运营人员可以结合用户设备、属性数据深入分析，优化产品的功能。

6.2.6　用户行为路径分析

用户行为路径分析是互联网行业常用的一种数据分析方法，它可以用来追踪用户从某个事件开始到某个事件结束过程中所经历的所有路径，是一种检测用户流向，从而统计产品使用深度的分析方法。

用户行为路径可以分析用户在 App 或小程序中各个模块的流转规律与特点，挖掘用户的访问或点击模式，进而实现一些特定的业务用途，如 App 核心模块的到达率提升、特定用户群体的主流路径提取、App 产品设计的优化与改版等。

下面简单介绍一下用户行为路径在业务上的两个应用场景，了解一下用户行为路径产品化的应用场景和价值。

应用场景一：产品设计的优化与改进

用户行为路径分析对产品设计的优化与改进有着很大的帮助，可以用于监测与优化期望用户路径中各模块的转化率，也可以发现某些冷僻的功能。

在一款电商类 App 应用中，从开始搜索点击商品到最终下单成交的过程中，用户往往会进行一系列的操作。通过路径分析，我们可以清晰地看到哪些操作影响了用户最终转换，哪些操作过于冗长烦琐，这样可以有针对性地改进 App、提高支付转化率，优化用户体验。

如果在路径分析过程中用户的成单数量与搜索结果、列表页展现以及支付速度等密切相关，就可以考虑优化这一部分的产品体验和技术能力，增强用户黏性与转化意愿。

应用场景二：产品运营过程的监控

产品关键模块的转化率本身就是一项很重要的产品运营指标，通过路径分析监测与验证相应的运营活动结果，可以方便相关人员认识、了解运营活动效果。

例如，我们通过用户行为路径对一款在线教育产品的核心业务进行分析，通过用户行为路径展现，发现路径为用户访问 App—浏览课程详情页—购买课程/课时—完成课程，从浏览课程详情页到购买课程/课时仅有 10% 的转化率，比该企业的预测转化率低很多。

那么便可以优化这一部分的产品体验或者运营手段等，以提高转化率，进一步增加完成课程的人数。

下面介绍用户行为路径产品化，即如何设计一款用户行为路径的大数据产品，帮助业务和产品提升体验，提高转化率，实现数据驱动业务的目的。

在开始之前，先了解一个术语 Session，即会话，它用于描述用户使用一次 App 或者小程序的行为总和，用户可能在几个页面间反复流转，但是在足够近的时间内，意味着在一次会话之中。

Session 是实现用户行为路径的基础，我们要把用户的行为通过 Session 切分，因为面向的是产品经理，所以具体如何切分（即 Sessionize）这里不做具体介绍，读者可以推动你们的技术同事实现。

在 Sessionize 完成以后，还要考虑在网络环境下，用户对链接的访问可能出现前进或者后退的情况，而不会一成不变地按照固定好的站点结构走下去。例如，在一个用户访问的 Session 中，用户有目的地完成一件任务需要经过 1、2、3、4 步，但是在实际过程中可能出现重复，比如进行 1、2、3、2、3、4 的操作。为了还原用户的真实路径信息，需要挖掘用户的最大前驱路径。

例如，一个用户的访问 Session 有如下的路径 {A,B,C,D,C,B,E,G,H,G,W,A,O,U,O,V}，这里需要得到其最大前驱路径为 {ABCD,ABEGH,ABEGW,AOV,AOU}，把访问路径以属的形式进行展开，就可以清楚地看到用户的访问路径，如图 6-22 所示。

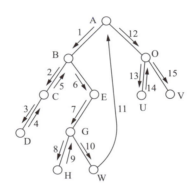

图 6-22　最大前驱路径示例

感兴趣的读者可以搜索 MFR 或者 MFP 了解路径模式挖掘之最大前驱路径，这里不再做具体的算法方面的讨论。

然后，将子路径去重，并且记录每个路径的点击次数和 UV 等数据，将该结果存入 Hive 或者 Druid 中（测试发现大数据量下 Hive 的查询速度较慢些，推荐使用 Druid）。

在底层数据都准备好后，接下来就是产品经理们最关心的产品化了，这部分要考虑通过哪些维度筛选数据，以及展现哪些业务数据等信息。

图 6-23 为用户行为路径筛选条件，通过设置路径的开始和结束节点、操作系统、平台、版本号、时间等条件可以查找用户的行为路径。这里必须提到一点，增加任何维度都是会增加底层表的数据量的，从而会影响最终产品的查询速度，这里还需要根据业务情况具体把握，只筛选业务最关注的几个维度。

图 6-23 用户行为路径筛选条件

查询结果会按照点击次数从大到小依次显示用户行为路径情况，并展现用户的点击次数、访问 UV 等数据，在每条路径后面可以查看详情，显示每一条路径的转化漏斗情况，如图 6-24 所示。

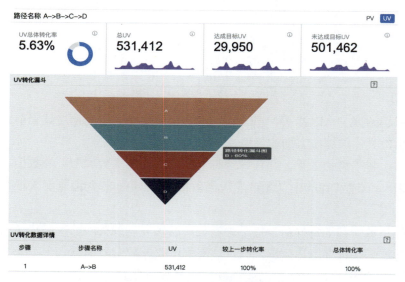

图 6-24 点击查看路径的转化漏斗情况

至此，用户行为路径的产品化已经完成，接下来，就是进一步修正数据埋点的问题和数据准确性，然后推动，让公司更多的人（包括产品经理和运营人员等）使用起来。

业务人员通过用户行为路径分析既可以有的放矢，验证自身假设，有针对性地解决问题，又可以日常监测用户的行为路径，及时发现用户的核心关注点及干扰选项，持续挖掘产品及服务的价值，实实在在地让大数据产品驱动业务增长，同时也实现了数据产品经理自身的成长。

6.2.7 其他功能

企业无论是自建用户行为分析平台还是采购第三方平台，对事件的管理都是产品经理、运营人员等业务人员工作流中非常重要的一环。当采集和分析的用户行为事件数量非常多时，事件查找和组织就会变得不够方便。

因此，用户行为分析平台还需要事件管理功能，对所追踪的数据元信息进行统一的管理，可以查看产品内所有原始事件，能够编辑原始事件的事件描述和事件状态；可以查看产品内所有事件属性，批量修改事件的属性描述和类型属性的显示单位，对于不在系统中进行埋点管理的产品，还可以批量修改属性的数据类型。当事件很多时，可以对事件进行分门别类地管理。同时，可以从产品业务角度将重要的用户行为标注出来，以便在分析时方便、快捷地查找常用和重要的事件。

在原始事件模块中我们可以完成以下功能：

（1）查看事件的事件名、事件描述、事件状态。

（2）查看事件所包含的属性的属性名称、属性描述、数据类型等。

（3）管理员还可以对事件描述和事件状态进行编辑。

事件管理页面如图 6-25 所示。

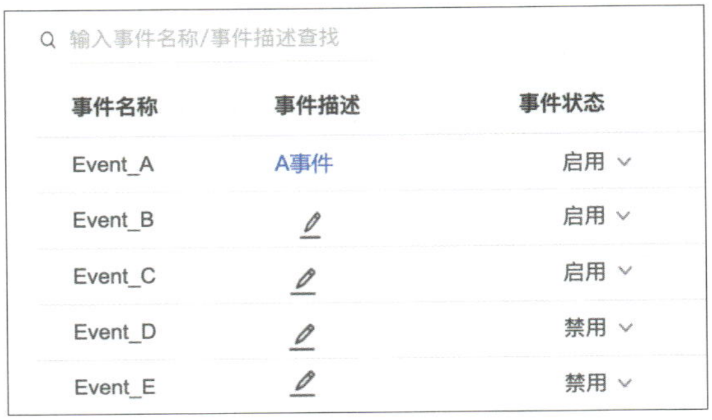

事件名称	事件描述	事件状态
Event_A	A事件	启用 ∨
Event_B	✏	启用 ∨
Event_C	✏	启用 ∨
Event_D	✏	禁用 ∨
Event_E	✏	禁用 ∨

图 6-25　事件管理

最后，介绍一个新的概念——虚拟事件。虚拟事件由多个原始事件组合而来，可以为每个原始事件设置过滤条件。多个原始事件之间是或（OR）的逻辑关系，即当任意一个事件被触发时，视作该虚拟事件被触发。

例如，有“自动刷新”“点击刷新”“下拉刷新”三个不同的原始事件，现在想看刷新行为的整体数据表现或想将三个刷新事件在转化/留存分析中视为同质的条件，可以用这三个原始事件新建一个虚拟事件“刷新”，触发这三个原始事件中的任意一个都被视为触发虚拟事件“刷新”。需要注意的是，在事件分析中查询虚拟事件“刷新”的总次数相当于三个原始事件的总次数之和，“刷新”的总用户数相当于三个原始事件的所有用户去重后的数量。

虚拟事件支持在事件分析、留存分析、转化分析、用户分群功能中使用。可以按照虚拟事件中每个原始事件的事件属性给该虚拟事件进行分组。所有的虚拟事件在使用时会有特殊标记用以和原始事件区分开。如图 6-26 所示，在数据管理中可以看到虚拟事件列表，用以对虚拟事件进行新建、修改、删除等操作。

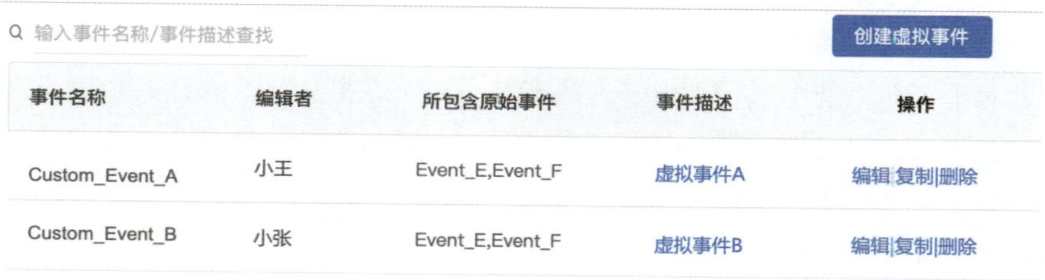
输入事件名称/事件描述查找
创建虚拟事件
事件名称
编辑者
所包含原始事件
事件描述
操作
Custom_Event_A
小王
Event_E,Event_F
虚拟事件A
编辑|复制|删除
Custom_Event_B
小张
Event_E,Event_F
虚拟事件B
编辑|复制|删除

图 6-26　虚拟事件列表

虚拟事件可以用于判断一个用户是否进行了一个或多个事件，除了组合多个事件之外，虚拟事件也支持按照事件属性给参与组合的原始事件加过滤条件。创建虚拟事件页面如图 6-27 所示，需要给虚拟事件命名，并点击“添加”按钮给该虚拟事件添加事件或者事件属性过滤。下面的例子展现了一个虚拟事件，当用户进行了 CompletedProfile 事件或者 UserSignedUp 事件时被认为触发了该虚拟事件。

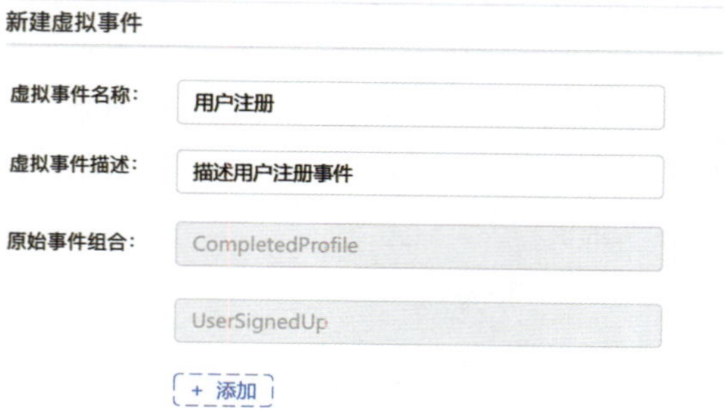
新建虚拟事件
虚拟事件名称：
用户注册
虚拟事件描述：
描述用户注册事件
原始事件组合：
CompletedProfile
UserSignedUp
+ 添加

图 6-27　创建虚拟事件

6.3 用户行为分析平台的迭代方向

用户行为分析平台的目标是应用分析结果优化经营效率，而不仅仅作为一个分析工具只停留在分析层面，要高效地应用，真正地指导业务。因此用户行为分析平台除了要在分析层面做得更专业和更有效之外，还要在应用层面实现新的突破。数据分析结果反映的问题主要有两类：营销运营和产品。针对这两类问题，用户行为分析平台需要提供有针对性的解决方案，快速应用到业务中并指导业务发展。

用户行为分析平台要为用户提供实现运营自动化的能力。通过前面的功能设计，用户行为分析可以实现精细化运营，但具体应用还需要人工进一步分析，然后制定运营策略，开发运营工具对产品进行运营，而且当运营策略改变时，需要重新进行功能的开发，整个过程会花费很长的时间，影响运营效率。因此，用户行为分析平台在后续迭代中应该更多地实现一些自动化运营功能，运营人员可以直接设置运营规则，系统会根据各种规则自动地将精准的活动信息推送给符合条件的用户，从而进一步提高运营人员的工作效率，使其将重心转移到运营方案制定上，降低重复执行的难度和时间，实现自动化运营，减少运营成本。

用户行为分析平台要为产品经理和运营人员提供更科学的决策。用户行为数据分析，往往是在产品功能上线之后，观察用户行为数据并进行分析，如果产品经理、运营人员总是根据经验或者拍脑袋去做一些决策，不仅不科学，而且一旦决策失误则会严重影响业务发展。如果有一种实验工具，在产品和运营方案真正上线之前，能够实现用户分流，选择一小部分流量，先通过 AB 实验进行小范围验证，然后选择效果最好的那个方案，这样便可以保证做出的任何决策都基于数据，提高了决策的科学性。

例如，亚马逊会依赖 AB 实验量化所有产品的预上线功能，而且在任何一个功能上线之前必须要经过 AB 实验，数据不好的功能直接下线，好的才保留，所以才敢说出每天都能进步 1% 的口号，逐渐成为全球市值最高的公司。可见，AB 实验的方法非常有效，并且已经逐渐受到国内互联网公司的重视和应用。

下一章会详细介绍 AB 实验平台，业务人员可以在网站上自助使用可视化实验工具，创建并运行实验，通过自动解读测试报告，AB 实验门槛大大降低，为产品运营实现更科学的决策提供了工具。

用户行为分析平台应该能够实现分析的自动化。到目前为止，特别是在国内，数据分析有一定的专业性和门槛，需要一定的分析方法，并且需要熟悉业务，在公司内部大部分都是交给数据分析师完成的。数据分析师通过一定的分析产出有价值的分析结果和分析报告，这样就导致整个流程效率会有些慢，业务人员要等到数据分析师产出分析结果后才能做进一步的决策。用户行为分析平台最理想的状况就是根据数据情况，结合一定的业务场景，自动诊断和分析数据，并给出最终的业务解决方案。例如，通过用户行为模型预测用户流失，搭建用户流失模型进行流失分析；基于用户行为历史数据预测用户行为趋势，预知用户的行为情况。

通过上面的介绍，可以发现用户行为分析平台是一个很重要的平台工具。企业借助用户行为分析，可以驱动业务增长，实现精细化运营。现在除了互联网公司要重视用户行为分析大数据的应用之外，传统行业的公司也应该加强对用户行为分析大数据的应用，从数据中找出规律，用数据驱动企业发展。

第 7 章　AB 实验平台实践

7.1　AB 实验平台的背景

7.1.1　为什么需要 AB 实验平台

在这个大数据时代，企业已经充分认识到数据的重要性，并且都会成立自己的数据部门，使用数据驱动公司的业务发展，DataStax 公司 CEO Bosworth 曾说过："从现在开始的 10 年内，当我们回顾大数据时代是如何发展时，我们会震惊于以往做出决策时信息的匮乏。"

数据驱动的理念应该是所有的决策都基于数据，充分利用数据优化自己的产品、运营和决策，并用数据带来的商业价值指导公司战略，用科学的方法提高企业的决策效率。目前数据的使用方式主要分为先验、后验两种，后验的方式在大数据分析平台和用户行为分析平台里面都有应用，先验中最常用的方式主要是对实验进行 AB 实验。

与上一章最后讲到的亚马逊重视 AB 实验相类似，Google 每个月都会进行上百个 AB 实验，并从中找出有效的方案，使得月营收提升 2% 左右。不要小看 2% 这个数字，对于 Google 这种体量的公司已经很不容易了。Facebook 则要求公司所有的版本在上线之前，都需要经过灰度测试，通过不断进行用户流量 AB 实验，科学决策，提升产品体验。

上述这些大公司如此重视 AB 实验，是因为 AB 实验有以下诸多好处。

（1）有效地解决了产品经理和用户体验设计师、UI 设计师等因为不同意见而引起的争执,通过 AB 实验,根据实验结果可以选择最佳方案,做到用数据说话。

(2)用 AB 实验的实验做对比,找到出现问题的原因,提高排查问题的效率。

(3)用 AB 实验可以建立数据驱动决策,并持续不断地优化一个过程。

(4)用 AB 实验降低新版本或者新功能的潜在风险,及时发现问题,把影响范围降低到最小。

AB 实验能够用不同的实验方案对属性近似相同的用户群体进行实验,相较于传统新旧版本各一个实验周期的方法,可以很好地避免由于时间不同而引起的用户样本属性变化的问题,在更短的时间内得出结论,并且所得出的结果更有可对比性,做出的决策更科学、更准确、更可靠。

由于 AB 实验准确、快速的优点,它在创意、创新和产品迭代中成了不可缺少的工具,也在商业决策中发挥着重要作用。因此,以数据驱动为导向的公司,构建一个 AB 实验平台越来越重要。

7.1.2 AB 实验平台的应用场景

AB 实验平台在互联网各个领域中都有着广泛的应用,下面以电子商务和互联网金融领域为例,看一下企业如何结合 AB 实验平台,通过实验选择最优方案,完成对产品的升级和业务的创新。

1. 电子商务

随着电子商务的发展,早期的信用、物流以及支付问题已经得到了有效的解决,而现在更多的是关注如何挖掘用户价值、针对细分人群分析用户的需求、通过产品功能或运营方案实现服务创新以提高 GMV。

通过 AB 实验,可以优化商品详情页的页面布局,找出用户支付转化率最高的一个方案,在不影响用户体验的情况下,用持续不断的小范围实验和迭代,获得更高的交易额和支付转化。

2. 互联网金融

在互联网金融领域中,AB 实验平台也有着广泛的应用,涉及支付、消费、贷款、保险等各个环节。AB 实验能够有效地避免升级导致的风险,特别是涉及用户资金等产品功能的上线,可以大幅度减少全量上线新功能出现的服务、Bug 等问题,可以保证互联网金融产品快速迭代,不断优化用户体验。

针对公司做的营销活动,AB 实验有助于优化营销文案细节,为官方网站、

App 应用或 H5 着陆页的文案优化提供科学可靠的优化工具。通过 AB 实验的数据对比，我们可以选择效果最好的方案，及时发现问题，并持续优化文案，为运营活动带来最好的转化和成果。

7.2 AB 实验平台构建

7.2.1 创建实验的流程

在设计一款 AB 实验平台之前，我们首先了解一下创建 AB 实验的流程。

第一步，分析现状。通过分析业务数据，确定当前最关键的改进点。

这个过程需要根据要改进的目标，明确业务上要改进的关键点。举个简单的例子，如果你的目标是增加注册用户数，那么以下实验要点是要注意的：注册表单的内容、注册表单的字段类型要求、隐私信息等，通过采取不同版本的功能，你就可以知道是因为注册表单要填写的内容太多，还是因为要填写某些隐私信息导致用户不信任而影响了注册用户数，所以，知道自己实验的目的，确定业务的改进关键点就显得很重要。

第二步，建立假设。对当前情况进行分析，提出优化改进的假设。例如，以增加注册用户数为目标，我们假设现在的注册页面让用户填写的内容太多，并且排版不合理，在此基础上，提出一个优化解决方案，对要填写的注册信息精简并且分类，形成一个新的注册页面方案。

第三步，设定实验指标。可以同时设置主要目标和辅助目标，用来衡量实验方案的优劣以及对其他方面的影响情况。

还以上面的注册页面的实验为例，针对上面设计的两种方案，用注册转化率（即成功注册的用户数除以进入页面的用户数）衡量实验结果，在实验结束后，对比实验组和对照组的注册转化率情况，如果哪一组方案的注册转化率高，则说明这组方案更优。

第四步，设计实验方案。针对方案分别设计产品原型，完成相关功能的开发，并梳理出产品的埋点文档，记录用户在各个页面的点击操作情况，便于后续的优化分析。

第五步，创建实验。确定实验条件、实验版本及每个线上版本的流量比例，进行实验，按照分流比例开放线上流量进行实验。

AB 实验中流量的比例直接决定了实验结果是否有效。由于 AB 实验直接使用线上生产环境的流量，所以进行实验的流量通常不宜过大，特别是例如针对主流程有重大调整等影响范围比较大的改版，可能会引起潜在的严重风险。因此，在 AB 实验的初始阶段，流量可以设置得稍微少一些，然后根据实验情况逐渐增加流量。但是，也不宜把流量控制得太小，流量太小可能会引入一些随机结果，从而失去统计意义，最终导致实验结果的偏差。

　　第六步，通过实验平台的数据和报表分析实验效果。AB 实验平台会自动收集实验数据，并形成数据报表，供实验人员对实验效果进行分析决策。

　　评估 AB 实验的效果一般会从实验有效性和对比实验结果数据两方面入手。实验有效性的判断会根据实验的分流情况确定实验是否已经有了足够的样本量，从而能够以较大的概率拒绝统计错误的发生。在确认实验有效后就可以对实验的结果进行分析，通常对比实验组和对照组是否存在显著差异，并计算结果指标的置信区间，从而判断实验组的结果是否对对照组的结果有显著提升或者下降。

　　第七步，在验证实验效果后，如果实验方案已经达到预期，就可以进一步调整流量，逐渐全量上线实验方案。

　　分析 AB 实验的结果数据，如果在一定的统计时间段内，统计显著性达到 95% 或者更高，便可以得到实验结论，并结束实验，全量上线实验。如果统计显著性在 95% 以下，则可能需要延长实验的时间进一步观察实验的效果。如果很长时间统计显著性不能达到 95% 甚至 90%，则需要否定原假设并中止该 AB 实验。

　　创建 AB 实验的流程如图 7-1 所示。

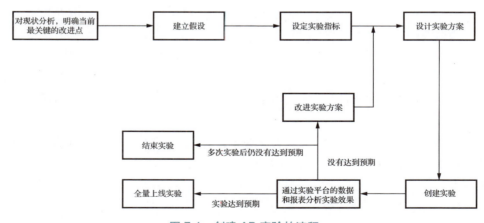

图 7-1　创建 AB 实验的流程

7.2.2 相关概念

如果要设计一个 AB 实验平台，首先要了解实验平台中常用的几个基本概念。

1. 应用

在 AB 实验平台中，应用指的是一组实验，应用的管理员将拥有该应用下所有实验的权限，同一应用下的实验可以设置为互斥实验。

建议同一项目组使用一个应用，如果项目组规模较大，可再拆成多个应用，应用页面主要包含应用名称和应用 ID，如图 7-2 所示。

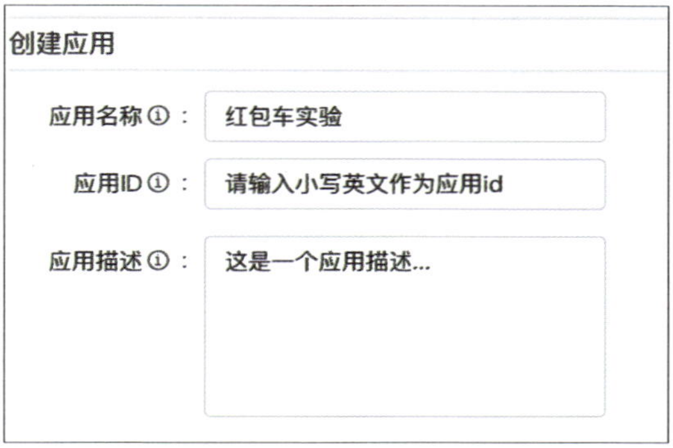

图 7-2 AB 实验平台创建应用的页面

2. 互斥实验

互斥实验是指多个实验的结果互相影响，此时就需要把这些实验设置为互斥实验，这样一个流量不会同时命中互斥实验。比如，实验 A 调整按键大小，实验 B 调整按键颜色，两个实验对点击率都有影响，所以不应该让用户看到同时调整了大小与颜色的按键。

3. 实验分组

实验分组就是为同一个实验目标制定两个或者两个以上方案，将用户流量分割成 A、B 两组，一组为实验组，另一组为对照组，两组用户群体的特点类似，并且实验分组内的方案可以同时运行。

在创建实验的时候，要首先选择实验对应的应用情况，创建这个应用对应的实验，并填写实验要衡量的指标、实验背景和实验目标，如图 7-3 所示。如果实验所属应用设置错误将无法正常看到指标。

在这里，还要明白实验组和对照组这两个概念，为了让读者容易理解这两个概念，举例如下。用户

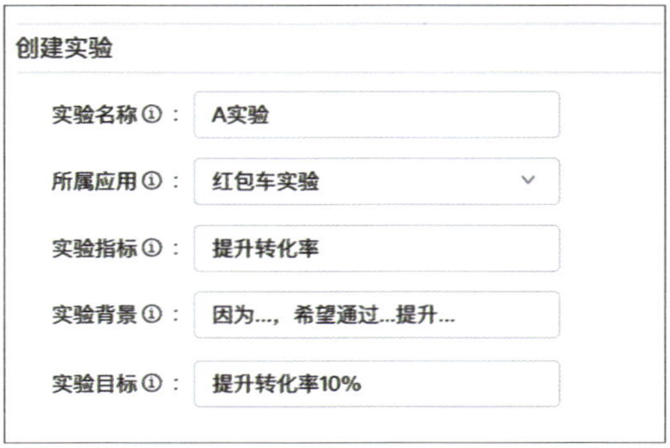

图 7-3 AB 实验平台创建实验的原型页面

做了一个实验,想知道某个因素 X 对实验有什么样的影响,除了因素 X 以外,其他所有作用到该实验的影响条件全部相同,这样便可以确保只有 X 因素不同,该实验表现出的不同效果就一定是 X 因素导致的。在这个实验中,我们称施加了 X 因素的为实验组,没有加入 X 因素的为对照组。

4. 实验分层与分桶

在设计实验的时候还要考虑多个实验之间的相互影响,例如我们在优化电商购买流程的实验中,要同时对搜索列表页和商品详情页两个页面进行优化,而这两个页面同时处在用户的购买流程中,两者是相互影响的,任何一个页面的改动都有可能导致用户购买率的升高或者降低。因此,在实验的过程中,需要设计如下四种实验分组的用户流量来衡量搜索列表页和商品详情页的优化效果。

(1) 老的搜索列表页和老的商品详情页页面。

(2) 新的搜索列表页和老的商品详情页页面。

(3) 老的搜索列表页和新的商品详情页页面。

(4) 新的搜索列表页和新的商品详情页页面。

对于两个实验之间的影响这样来设计还勉强可以接受,但是随着互相影响的实验逐渐增加,用户的分流会呈现指数级上升,而过多的用户分流设计可能会导致分配给每组的实验流量不足。

在这种情况下就引入了实验分层与分桶的概念,即将实验流量进行横向分层和纵向分桶。在纵向上,流量可以进入独占实验区域或者并行实验区域。在横向上,根据不同的应用可以划分为不同的分层区域,每个应用的内部还可以划分为多层,每层之间互不影响。这样,用户流量可以横向经过多层之间,每一层可有多个实验,流量会在每一层都被重新打散,然后分配给不同的实验。

5. 受众用户

图 7-4 AB 实验平台设置受众用户的原型页面

在受众配置中,可以将一些简单标签进行逻辑组合,生成一个复合用户组。图 7-4 所示为所在城市为上海,并且年龄大于 18 岁的受众标签。在定义好用户组后,可以在该应用下创建定向实验,设定只有符合该受众标签的用户才会参与实验。

7.2.3 实验分流

国内 AB 实验平台的实验分流设计大部分都基于 Google 于 2010 年在 KDD 上公布的分层实验框架。总体来说，AB 实验平台设计实验分流的目标可以归纳为以下三点：

（1）支持更多的实验，多个实验可以并行扩展，同时又不影响每个实验的灵活性。

（2）更好地保证实验的准确性和合理性，确保分析的实验结果基于合理的用户分流。

（3）更快地创建实验，而且针对实验结果，能够快速获取数据分析实验结果。

在实验中，影响用户是否被实验命中的因素有流量分配、流量过滤规则和固定用户标签。

（1）流量分配。为了支持更多的实验，要建立多个实验分层，并将实验分层的相关信息作为分流考量的因素从而达到正交的效果。每个实验层的流量分成 1000 份，每份代表 0.1% 的流量。

（2）流量过滤规则。根据用户的请求参数设定规则，选中目标用户群体，对于符合条件的流量返回命中实验，否则返回不命中。请求参数是上游调用分流服务时传入的，需要保证函数中使用的信息上游都会在请求参数中被正确设置。后台会有语法检测和对部分线上请求参数抽样测试。

（3）固定用户标签。固定用户标签是一种可以仅让指定的用户群进入实验或实验组的方式，而且支持实时动态调整。需要指出的是，有些实验不需要固定标签的方式，可以选择不设置。

在 AB 实验平台中，以上的三种因素会影响实验分流，实验分流的过程和主要步骤如下：

第一步，根据用户设定流量占比，首先判断用户是不是落在流量区间内。若在流量区间内，则进入第二步，否则返回没有命中该实验。

第二步，判断实验是否配置了固定用户标签，若没有配置用户标签或者配置了用户标签并且匹配上，则进入第三步，否则返回没有命中该实验。

第三步，根据流量过滤规则判断用户是否被过滤，若被过滤，则返回没有命中该实验，否则返回相应分组信息。

在 AB 实验平台中，分流设计是最重要的一个模块，核心思想就是将参数划分

到 N 个子集中，每个子集都关联一个实验层，每个请求都会被 N 个实验处理，每个实验都只能修改与自己层相关联的参数，并且同一个参数不能出现在多个层中。

实验分流设计如图 7-5 所示，把流量在纵向上进行了划分，流量请求先从纵向判断开始，域 1 和域 2 拆分用户流量，例如域 1 如果占 30% 的用户流量，域 2 则占 70% 的流量，域 1 和域 2 是互斥的。然后，再从横向上划分为 B1、B2、B3 等多个层。在同一个层中，不同的实验组是隔离区分开的。一个实验策略可以被多个层控制，每个层都可以有多个实验。对于域 2 中的 B1、B2、B3 层，占用的用户流量就是域 2 的用户流量，而当流量经过 B1 层时，会被 B1-1、B1-2、B1-3 拆分，并且 B1-1、B1-2、B1-3 是互斥的。流量在每个层都会被重新打散，然后重新分配。

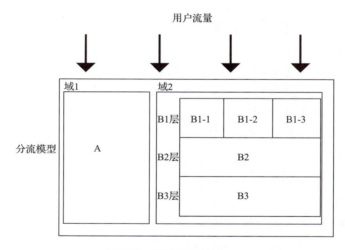

图 7-5　实验分流设计

在图 7-5 中，域 1 这种分类方式更适用于做独立实验，不希望其他实验对这个实验造成任何影响和干扰，保证结果的可信度。B1、B2、B3 这种分层上的实验基本是没有任何业务关联和相互影响的，即使它们相互之间有共有的流量也不会影响实验结果。对 B1-1、B1-2、B1-3 可以设置一些互斥实验，例如 B1-1 可以放搜索列表页优化的实验，B1-2 可以作为商品详情页的优化，这样经过的流量是互斥的，不会出现相同的用户同时看到两个实验的情况，保证了实验的效果。

关于分流条件，如果用户样本对实验流量有特殊的要求，在通过分配函数分配到一部分流量后，部分实验可以通过特定条件分配特定的流量给实验，以达到更高效利用流量的目的。典型的条件如城市、版本、浏览器等，分配条件一般直接在实验的配置中指定。

最后，以脑图的形式对上面的介绍做一个总结，如图 7-6 所示。

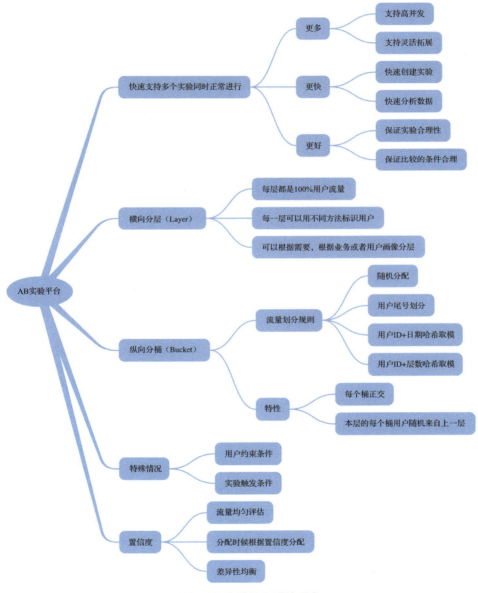

图 7-6　AB 实验平台设计重点

7.2.4 实验数据统计

AB 实验的实验数据统计展现的主要是实时指标和离线指标，用来观察每个实验的表现情况，评估实验效果。按照统计时间口径的不同，离线数据报表和实时数据报表的使用如表 7-1 所示。

表 7-1 离线数据报表与实时数据报表的对比

报表类型	时间选择	优缺点
离线数据报表	可以选择从实验开始到昨天的历史数据情况，以天为时间粒度	优点是比较准确，指标全面；缺点是更新周期较长，当天更新前一天数据。一般用于实验效果的数据分析
实时数据报表	对应的趋势图为当天各小时或者分钟某指标的变化趋势，对应的表格为当天各个指标各小时或者分钟的累计数据	优点是更新快，分钟级更新；缺点是相对不精确，并且只支持一些核心指标的展现。一般用于实验上线初期的实验数据调试

1. 实时数据报表

实时数据报告只包括趋势图表。在 AB 实验平台中，实时数据的时间粒度可以选择"分钟"和"小时"两种，小时口径为该小时下对应的各分钟数据之和。

实时数据主要用来做实验上线后的追踪，便于排查一些问题，衡量实验的效果主要依靠离线数据。

2. 离线数据报表

离线数据报表页面包括指标选择控件、维度筛选器、时间控件、图表等，以展现实验的样本数和日志数为例，图表样式如图 7-7 所示。

在展现离线数据和实时数据时，AB 实验平台的效果展现设计原则应该遵循以下几点：①准确的数据效果，并显示实验的置信区间。②实验结果展现对用户友好和易于使用。③让用户更容易理解数据，比如更容易观察出辛普森悖论，更容易根据数据得出实验结论。④确保实验的一致性和唯一性。

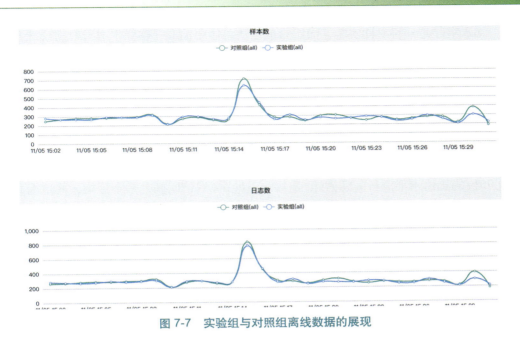

图 7-7　实验组与对照组离线数据的展现

对于离线指标，不仅要能够展现指标的统计值，还要能够展现该指标的 P-Value 和置信区间。在实际应用中，实现部分核心指标支持 P-Value 和置信区间已经足够使用，对于有些不能用 P-Value 来衡量的指标，更没有必要展现 P-Value 和置信区间，图 7-8 所示为实验平台带有 P-Value 的数据展现页面。

指标	对照组	实验组1			实验组2		
	均值	均值	百分比变化	P-Value	均值	百分比变化	P-Value
指标1	8.23	10.22	24.18%	0.056	11.99	45.69%	0.184
指标2	12.12	13.02	7.43%	0.032	12.12	0.00%	0.208
指标3	16.01	15.82	-1.19%	0.008	12.25	-23.49%	0.056
指标4	19.9	18.62	-6.43%	0.016	12.38	-37.79%	0.032
指标5	23.79	21.42	-9.96%	0.04	12.51	-47.41%	0.008
指标6	27.68	24.22	-12.50%	0.064	12.64	-54.34%	0.016
指标7	31.57	27.02	-14.41%	0.088	12.77	-59.55%	0.04
指标8	35.46	29.82	-15.91%	0.112	12.9	-63.62%	0.056

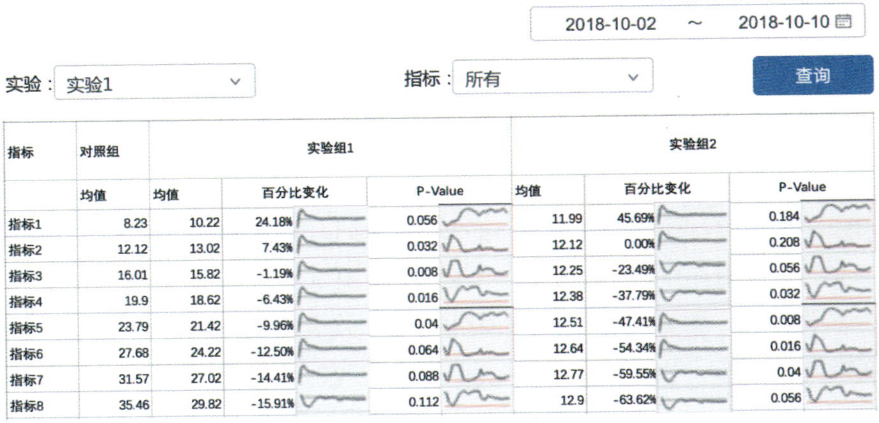

图 7-8　实验平台中 P-Value 的展现

P-Value 和置信区间是数据分析中经常用到的统计学概念，由于篇幅有限，这里只做简单介绍，有兴趣的读者可以查看统计学相关数据进一步了解。

AB实验是一种对比实验，而实验就是从总体中抽取一些样本进行数据统计，进而得出对总体参数的一个评估。这里提一下统计显著性的概念，在假设检验中，如果样本数据拒绝原假设，那么我们说检验的结果是显著的；反之，则说结果不显著。

置信区间主要用来评估实验效果，用来查看采用实验组策略上线后，指标变化预计的波动范围。在查看实验的置信区间时，需要首先选定实验组和对照组。置信区间的置信水平代表了实验假设的可靠程度，在通常的实验方案中，我们使用95%的置信水平进行区间估计。通俗一点地讲，置信区间是一个平均区间范围，该区间有95%的概率包含真实的总体均值。

例如，我们使用AB实验平台做了两组实验，为了对比两种产品设计方案的效果，把增加了X功能的设置为实验组，而没有该功能的设置为对照组，实验经过一段时间，统计实验结果数据如表7-2所示。

表7-2 产品支付流程优化实验结果数据

实验分组	用户总量（个）	支付订单数（笔）	人均支付订单数（笔）	变化[95% 置信区间]	变化显著性
对照组	42 470	92 990	2.19		
实验组	42 674	108 468	2.54	+16.09%[14.98%, 17.20%]	显著

观察数据，可以发现：

对照组一共有42 470个用户，总共支付完成92 990个订单，平均每个用户贡献2.19个订单。

实验组一共有42 674个用户，总共支付完成108 468个订单，平均每个用户贡献2.54个订单。

相比于对照组，实验组提高了16.09%，我们有95%的概率相信，在最差的情况下实验组比对照组好14.98%，在最好的情况下实验组比对照组好17.20%，检验结果为显著，代表实验组比对照组好这个假设是成立的，因此可以上线X功能优化产品生产订单流程。

最后，介绍一下P-Value的概念。P-Value也就是P值，它是推断统计中的一个重要指标，在假设检验中有着重要的应用，是用于判断原假设是否正确的依据。P值的计算方式为每个用户作为一个样本，实验组两两之间按天统计，所以在查看P值时，根据需要选择实验组和对照组。根据统计学原理，如果P值小于 0.05，则认为两组实验之间存在显著性差异，实验结果可信。如果 P 值大于 0.05，则表明当前实验结果无显著性差异，可以考虑增大实验样本量，或者更换实验方法后重开实验，以便得出更具说服力的实验结果。

7.2.5 实验上线与报警

在 AB 实验平台中，对于要上线的实验，需要有实验评审功能模块进一步审批实验是否合理以及是否具备上线的条件，并可对申请记录添加通过、不通过、继续跟进三种状态，同时可以根据状态筛选查找申请记录。

在不通过、继续跟进状态下的实验需要记录相关原因或者待跟进事项。这个功能就是一个小型的审批工作流模块，对于要提交评审的实验，需要填写如下信息：

（1）实验描述：默认填充新建实验时填写的实验描述内容，可自动编辑，编辑后同步更新实验描述。

（2）评审人：需要参与评审的人员名单。

（3）上线时间：计划上线的时间。

（4）上线实验组：计划上线的实验组。

（5）实验结论：由实验建议和上线实验组后衡量效果的指标涨、跌幅等数据组成，系统会自动生成实验对比数据，还可以继续编辑手工输入实验结论。

（6）备注：可补充其他指标情况说明等。

为了控制实验质量和结果的准确性，只有通过实验评审的实验才可以提交上线任务。

在完成一个实验后，实验的参与人都会关注这个实验的指标情况。当发现某个指标最近有较大幅度波动时，总会疑虑它是不是受了一些大流量 AB 实验的影响，但又无法确定。基于以上背景，通过指标报警工具给关注的指标设置报警，及时通知相关人员，就变得很有必要。

对于实验的报警功能，触发报警规则主要有以下几点。

（1）在任何大流量或者自定义流量大小的实验中，指标波动值或者自定义指标可波动范围超过了你的预期就会达到报警条件。

（2）报警推送时间：

①天级：通常在次日上午十点推送昨天的数据报警。

②小时级：每小时统计 1 次，可能有延迟。

③实时：按设置的聚合时间。

④按时间累积：15 分钟触发一次，根据过去 N 天的指标平均值判断。

（3）报警以邮件或短信的形式推送给实验相关人员。

（4）点击报警通知链接或在实验平台上的指标报警→查看报警记录功能，可以查看该条报警规则下的所有报警。

7.2.6　波动分析工具

波动分析工具根据历史数据计算预期用户数的各个指标波动置信区间，提供相对可靠的波动异常参考值。描述波动的方法很多，对应 AB 实验这个应用场景，我们用置信度和置信区间描述波动性。

指标的标准差可以描述指标值的稳定程度。以小王和小张的射击训练为例，小王和小张两人平均都能拿 8 环。其中，小张比较稳定，大多数时候都射中 8 环，少数时候射中 7 环和 9 环；小王发挥很不稳定，大部分时候要么射中 6 环要么射中 10 环。如果小张先射击 100 次算平均分，再射 100 次算平均分，那么两个平均分的差值体现的就是波动性。很显然，小王的指标的波动性要比小张的大得多，因为他的射击水平不稳定，我们可以用标准差描述指标的波动情况。

通过统计学公式，我们可以得知，如果已知总体的期望与方差，那么从该总体上的任意样本数量为 N 的采样得到的期望满足正态分布；正态分布的参数与总体的期望、方差与样本数量 N 有关。

如果我们把 App 一整天全量的日志数据作为总体，实验是在考察两个采样样本的期望的变化比。期望和方差我们都有，套入公式，就能得到发生在这一天的所有指标的波动性，并以此推测明天这些指标在相同条件下的波动情况，用来完成波动分析功能的开发。

7.3　AB 实验设计方法

当用 AB 实验平台做了很多实验时，每个实验结果都有提升，但是最终通过长期观察却没有达到想要的结果，往往是因为实验设计出了问题，那么如何对 AB 实验进行合理的设计呢？其实前面已经涉及了一些方法，下面归纳总结为以下五种常用方法。

1. 没有理解指标中随机波动的程度

比如，波动可能并不是由实验引起的，而是自身的波动造成的。

解决方法：设计一个空实验，随机对用户进行切片，并测量 2 个切片之间的方差，当运行其他 AB 实验时，请确保它们显示比空实验更大的观察偏差。

2. 实验不是相互独立的

AB 实验平台中的一个假设是你可以同时运行多个实验，但这些实验都是相互独立的。比如，一个实验 X (带有变体 X A 和 X B)，仅在购买月卡的用户身上做；同时有实验 Y 一起运行 (具有变体 Y A 和 Y B)，其中 Y B 用户有更高的月卡用户占比，则会打破独立性。

解决方法：有时多个实验的独立性很难避免，可以通过多变量实验解决。

3. 没有进行足够长时间的实验

如何设计实验的时长呢？时长取决于以下原则：如果你要看到 0.5% 的差别，那么你需要观察比 3% 更长的时间；如果你要看到 0.1% 的差别，那么你需要观察比 1% 更长的时间；如果你要看到更大的统计显著性，那么你需要观察更长的时间。

一旦达到统计显著性，你就停止了实验？答案当然是否定的，我们可以通过 VWO 网站提供的实验持续时间计算器预算实验所需的时间。

4. 你的实验变量太多

变量越多，需要的流量就越多，运行实验以获得可信任的结果所需的时间就越长。而且变量越多，误报的可能性越大，即找到不重要因素的机会越高。

5. 实验过程中更改了实验配置

在启动实验时，只要提交完成就不要在实验过程中更改实验配置。在实验期间更改配置引起的流量分配将影响结果的完整性，可能会存在辛普森悖论的问题。所以，实验一旦开始，请勿更改实验配置。

7.4 AB 实验平台的应用实例

AB 实验平台在各个领域中都有广泛的应用。以共享单车领域为例，由于单车开锁可能会遇到短信故障，导致用户无法开锁，特别是如果发生在上下班高峰期，会影响用户体验，从而导致订单量急剧下降。这个时候如果能够启动蓝牙开锁方式，在配置开启后，强制用户用蓝牙开锁，那么会有效地避免短信故障的问题。但是，强制用户启动蓝牙开锁会让用户手动开启蓝牙，如何评估强制用户启动蓝牙开锁带来的影响呢？我们需要用 AB 实验平台对蓝牙开锁实验进行 AB 实验。

第一步，分析现状。确定当前最关键的改进点，明确测试目标。

本实验主要用于测试强制用户启动蓝牙开锁的影响，因此定义实验组和对照组如下：

实验组的操作流程为点击扫码按钮 →弹出强制用户启动蓝牙开锁教育页面 →弹出普通扫码页面 →扫码成功。

对照组的操作流程为点击扫码按钮 →弹出普通扫码页面 →扫码成功。

同时，明确如下测试目标：

（1）评估强制用户启动蓝牙开锁教育和非强制用户启动蓝牙开锁教育两种页面的扫码转化率。

（2）评估强制用户启动蓝牙开锁教育后引起的订单量流失情况。

（3）检验两组指标是否有差异，差异是否显著。

第二步，建立假设。根据现状分析做出优化改进的假设，提出优化建议。

（1）原假设 H0：通过实验组方式进入扫码页面，扫码转化率、订单量、日骑行用户数不低于对照组的水平；

（2）备择假设 H1：通过实验组方式进入扫码页面，扫码转化率、订单量、日骑行用户数低于对照组的水平。

这里简单介绍一下原假设和备择假设，原假设是指实验用户想收集证据予以反对的假设，用 H0 表示，备择假设是指实验用户想收集证据予以支持的假设，用 H1 表示。

第三步，设定目标。设置主要目标，用来衡量各优化版本的优劣；设置辅助目标，用来评估优化版本对其他方面的影响。

根据实验目的，可以通过下面的数据指标评判实验效果。

（1）扫码转化率（实验组对比对照组）。

（2）人均订单数（实验组对比对照组，以及实验组在实验前后对比）。

（3）蓝牙教育页面的 PV、UV 数据。

第四步，设计迭代方案。制作两个实验方案的原型，并完成相关功能的开发。

实验组：强制用户打开蓝牙扫码，设计实验方案的原型如图 7-9 所示。

对照组：其他用户，采用的方案原型如图 7-10 所示。

第 7 章　AB 实验平台实践

图 7-9　实验组的原型方案　　图 7-10　对照组的原型方案

第五步，在 AB 实验平台创建实验，确定实验测试的版本及每个线上版本的流量比例。

首先，筛选实验的城市，通过 AB 实验平台抽取样本，对筛选的用户做样本独立性和一致性检验，并对实验结果指标做逐日性和周期性检验，详细流程如下。

（1）筛选实验城市。由于每个区域中城市的订单数之间均有严重的右偏，因此在各个大区各选一个略高于大区平均订单数的城市作为实验对象。然后，抽取所选城市用户的 10% 流量分别作为实验组和对照组。

（2）筛选样本。在实验平台中选择流量，抽样样本。抽取方法：将一个城市的用户分成 10 个桶，实验组随机抽取 1 个桶，对照组随机抽取 1 个桶。固定好两个桶之后，进行定向追踪。

（3）样本独立性和一致性检验。基于用户画像（性别、年龄、平台等）和骑行频次（过去一周、一个月的人均订单数）对实验组和对照组的用户做一致性检验，确保两组用户的独立性和一致性，避免样本本身差异带来的影响。分桶后就可以得到用户的 userid，进行校验。

通过用户一致性检验，得出实验组和对照组在用户画像与骑行频次上没有显著差异。

（4）逐日显著性校验。对于各个城市，以每天为一个统计周期，以每一个用户为独立样本，以每一个样本的扫码转化率（当日扫码数 / 当日打开 App 数）为因变量，检验两组用户群体在扫码转化率和人均订单数上差异的显著性，本次校验使用单边检验。

（5）周期显著性校验。在实验持续一段时间（如一周）之后，检验实验组样本在实验前和实验后的时间窗口的人均订单数差异，作独立样本配对T检验，检验实验是否会导致用户在一段时间内的骑行频次显著下降。

通过上面的准备，便可以在实验平台创建测试实验，具体步骤如下：

（1）根据实验的设计方案梳理页面埋点文档，完成客户端埋点。

（2）前端和服务端会根据埋点文档进行前端代码埋点，同时增加实验开关的控制。

（3）在实验平台创建一个名为蓝牙强制开锁的应用，在应用下分别设置实验流量和用户标签，创建实验组和对照组两组实验。

（4）实验在线上生效，测试实验方案，追踪实验情况。

在实验平台上，用户一般经历如图 7-11 所示的流程。

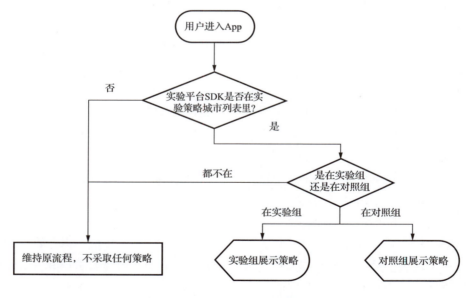

图 7-11　用户是否命中判断流程

第六步，采集数据，通过实验平台报表和数据分析实验效果。

针对实验结果，分析实验组的数据情况，查看各项指标是否下降，然后对比实验组和对照组，评估实验的效果，进一步确定是否采取强制用户蓝牙开锁的策略。

第七步，如果实验达到预期，可以逐步调整流量，全量上线实验方案。如果统计显著性达到了95%或者更多，可以逐步全量上线方案，否则可以延长实验进一步观察或者结束实验。

通过上面的案例，我们发现，在产品优化中可以使用AB实验辅助探索最优方案，不断提升产品体验，在用户无感知的情况下，快速迭代。企业的每一个决策都可能产生至关重要的影响，版本的更新迭代等更需要通过科学化的实验，AB实验平台在大幅度提高实验效率的同时，用数据驱动的精细化运营和决策降低了企业的试错成本。

第 8 章　大数据产品在各个领域中的应用

8.1　大数据产品在电商领域中的应用

8.1.1　大数据精准营销

随着移动互联网的发展,用户的一切行为在企业面前变得越来越"可视化"。大数据为企业的经营发展带来了新的挑战和方法,企业逐渐摒弃了之前传统的营销方式,更加专注于利用大数据实现产品的精准营销,构建企业的基础用户画像数据,深度挖掘大数据的商业价值。

用户画像,即对用户进行信息标签化处理,就是企业收集用户的基本属性、社会属性、生活习惯、消费行为等数据,通过算法挖掘和分析用户数据,抽象出一个用户的全貌属性,作为实现商业场景和应用的数据资产。用户画像能够为企业提供基础画像表,帮助营销人员快速找到精准用户人群,并深度挖掘用户需求。

用户画像的应用领域越来越广,主要体现在以下几个方面:

(1)精准营销。根据人群定向进行营销活动,能使营销更有效率,在相同的成本下,得到更好的总体转化效率。例如,向在校学生推送价格优惠的酒店营销活动,而没有必要向白领 IT 从业者推送距离最近的酒店营销活动。

(2)推荐系统。用户画像、用户行为分析是高转化率个性推荐的极重要的数据基础。例如,向有收藏酒店行为的情侣推送距离最近的情侣风格酒店。

(3)搜索排序。在细化场景,把人群定向与意图分析相结合,精细提高转化率的过程中,可以根据人群标签进行有针对性的排序。例如,给大学生情侣推荐情调酒店。

(4)筛选排序。在细化场景,精细提高转化率的过程中,可以根据人群标签进行有针对性的排序。例如,当出差在外的商旅用户筛选酒店时,把离机场或者车站比较近的钟点房排在前面。

（5）用户分析。把用户画像和用户行为分析相结合，能够发现更高质量的用户人群。例如，在冬天的时候，有很多黑龙江人会到海南住家庭旅馆。

（6）商家分析。分析商家近期客户的用户行为与用户画像，能够更好地帮助商家发现商机。

下面介绍一下用户画像最基本、最重要的部分——用户画像特征的构建。

用户画像一般可以按照行为特征、基本属性、消费特征、交易属性、潜力特征、兴趣偏好和预测需求等方面组织。当然，因为业务的差异，可以根据自己业务的特点添加不同的特征构建用户画像，一个基本的用户画像特征如图8-1所示。

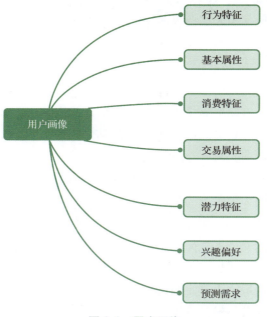

图 8-1　用户画像

（1）行为特征。主要用来记录用户的行为操作信息。例如，App 的日启动次数、周启动次数、月启动次数、评论活跃度、最近浏览页面及浏览时间等。

（2）基本属性。就是描述用户的一些基本特征，用来反映用户的通用信息。例如，用户 ID、昵称、性别、年龄、手机号、城市、注册时间、活跃度、流失倾向等。

（3）消费特征。主要用来记录用户的下单购买行为。此处可以用 RMF 模型记录用户的最近购买时间、消费价格、消费频率等。

（4）交易属性。主要用来记录一些交易的偏好。例如，订单总数、交易额、支付时间间隔等。

（5）兴趣偏好。主要是有针对性地找一些兴趣点，用来区分用户。兴趣偏好往往结合日常营销推广活动设置。例如，品牌偏好、房型偏好、品类偏好、星级偏好、菜品口味偏好等。

（6）潜力特征和预测需求。主要用来分析用户的价格敏感度和目标价位等，方便针对价格敏感度比较高的用户做价格营销活动。

用户画像基本上就是用上面的对用户打"标签"的方式实现的，而一个标签通常是高度精练的特征标识，例如地域、年龄、性别、用户偏好等。最后，把这些用户的标签整合在一起，就可以描绘用户的立体画像了。后续可以基于用户标签基础构建用户画像基础表，只要有了用户画像宽表，数据产品经理就可以根据业务应用用户画像，做一些分析和用户画像的可视化。至此，数据产品经理便完成了从用户画像的构建到应用的整个流程。

在有了用户画像之后，通过进一步分析用户需求，可以针对特定用户人群制定营销活动，找到运营老用户和获取新用户的机会。还以电商为例，如果有生鲜的打折券、日本餐馆最新推荐等活动，运营人员就可以把活动的相关信息精准地推送到与之匹配的消费者的手机中，并根据用户的参与情况和点击行为数据等进一步分析用户各方面的行为与偏好。最后，运营人员通过观察不同阶段的成功率，做前后对照，确认整体经营策略与方向是否正确，这个阶段的目的是提炼价值，再根据用户需求精准营销，最后追踪用户反馈的信息，完成闭环优化。

只有通过大数据实现精准预测和推荐，才能发挥大数据最大的价值。以当下最火的新零售为例，"精准推荐"将会是大数据改变新零售业的核心功能。例如，服装网站 Stitch Fix 结合机器算法推荐，根据顾客的身材比例、用户画像、历史销售记录等数据，通过服装推荐模型，为每个客户个性化推荐服装，而不是每个人看到的服装千篇一律，甚至在购买时还要手动的选择尺寸、颜色等信息，从而实现更精准、更人性化的营销。

通过用户画像和精准营销，大数据改变了传统企业和电商的营销方式，使其已经不再完全依赖有经验的导购和销售，而是通过用户画像和标签去做精准推荐。相信未来，大数据精准营销会在更多的行业和领域发挥越来越大的价值。

8.1.2 购物行为与销量预测

用户的历史购物行为等大数据可以用来精准地预测销量，为电商的供应链和库存等提供参考。通过海量的大数据，我们可以进一步了解用户需求，甚至可以在用户没有下单的情况下就精准预测到他想购买的商品，给用户提供更好的体验。例如，通过分析用户浏览和购物行为等大数据，我们可以预测出配送站周边iPhone X的需求量，提前把商品运输到配送站。这样，在用户真正下单以后，配送员就不用等待从总部发起的物流，而是直接在配送站提取手机配送给用户，这样会更加省时、高效。

销量预测在电商的销售、市场和运营等环节中无处不在，它会影响企业每一次营销或者市场运营等活动的成本投入，甚至影响企业的整体战略及规划。销量预测主要根据历史销售量情况，结合未来一段时间内可能存在的影响因素，并结合消费者的购买决策行为，构建消费者决策行为预测过程模型，估计商品的销售情况，还可以预测消费者的购买决策内容偏好、消费者的消费喜好、消费方式以及消费时间等。这样，基于消费者的喜好和销量预测情况，市场营销人员就可以根据预测结果指定营销活动及方案，确保决策的科学性。

在电商销售中，供应链是一个重要的环节。一个运转良好的供应链可以提升企业的竞争力，确保不会出现库存积压和缺货的情况。用大数据精准预测产品的销量，可以提高电商的库存周转率，精准匹配用户的需求和商品的供应，提升运营水平。例如，某电脑品牌商想要了解用户对各个航线的需求情况，哪些机型更合适用来做促销，是刚上线的最新机型，还是性价比比较好的千元机。在选择好机型后，该品牌商还要根据销量预测情况调整库存数量，要能够根据预测情况对库存进行补充以防断货。

如何进行销量预测呢？在很多公司，往往都是领导拍脑门指定一个数字，或者销售营销人员根据以往的经验推测一个数字。但真正的销售预测，是通过严格的数据筛选和模型计算出来的，是基于数据的一种科学决策。

目前对于销售预测，机器学习起到的作用越来越大，使用神经网络、决策树、线性回归等算法，不断调整参数和优化，直到达到一个比较理想的效果。在机器学习预测销量的时候，首先，需要选取历史数据，并对数据进行一定规则的清洗，把一些促销或者活动的数据消除掉以免影响分析结果，然后再对历史数据用机器学习做一个完整的认识和学习，通过模型对数据的学习提取相关特征，就可以得到一批训练样本。例如，我们可以把清洗以后的2017年全年的销售数据作为训练集合，把2018年上半年的数据作为测试集合。

比如，我们要用随机森林模型对销量进行预测，可以把营销活动等做成连续变量，把这些不同的变量分布在树形图不同的分支上，然后利用这些变量做回归，这样我们就可以清楚地看到，某一时段的销售额是如何受售价、产品特征等因素影响的，并拟合出算法模型。在得出模型后，我们便可以导入2017年的历史数据，利用2017年的数据预测出2018年的销售数据，并结合真实数据进一步调优，这样就可以进行销量预测了。

上面只是一个简单的销售预测的例子，在实际的应用中还需要大量的参数调优、优化样本和迭代模型，并根据预测出的数据，结合实际情况和业务经验，做进一步的验证判断，进一步指导业务决策。

随着机器学习的不断发展，相信未来的销售预测会越来越准确，购物这件事可能会慢慢地从先购买再配送的方式，变成先配送再购买的情况，用户购物也会逐渐由主动变得被动。

8.2 大数据产品在汽车领域中的应用

8.2.1 汽车细分领域的用户画像

对于汽车行业来说，大数据的价值应该体现在哪里呢？是通过大数据为汽车行业提升运营管理服务水平，是通过大数据了解竞争对手情况做一些竞争对手分析等情报工作，是通过大数据智能网联改造汽车的生产，还是通过大量数据的采集，更精确地预测市场状况和用户需求，更快捷有效地调整与共享资源，生产出更智能、更符合用户需求的汽车？答案是，对于上面的各种设想，大数据统统都能够帮你搞定，让我们先从以下几个方面来看一下。

1. 大数据有助于精确汽车行业的市场定位

在做一切产品之前都要了解市场，并且确定产品的市场定位。可以这样说，一个成功的市场定位，能够使一个企业的品牌快速加倍成长，而建立在大数据基础上的市场调研才是一切的根基。汽车行业的企业做出的每一个市场定位决策，都需要结合大数据拟定战略，了解汽车行业市场构成、细分市场特征、消费者需求和竞争者状况等众多因素，在科学系统的信息数据收集、管理、分析的基础上，制定更好的解决方案，确保在市场中迅速抓住用户，占领市场。

例如，如果汽车企业想进入或者拓展某个省份或者国家的市场，那么首先需要通过数据对当地市场进行分析，研究项目的可行性情况。如果合适，那么需要进一步研究这个市场的用户是什么样的、他们的年龄分布在哪个区间、消费水平和购买力怎么样、用户的消费习惯如何、当前市场的竞品有哪些、竞品分别满足了怎样的需求等，可以通过大数据系统了解用户的地域分布情况。这些问题背后包含的海量信息构成了汽车行业市场战略的大数据，只有结合这些大数据进行分析，才能够为要进入的市场提供有力的数据支撑。

再例如，某汽车企业之前一直在做国产车这个汽车领域。如今，为了扩大市场规模和品牌知名度，想进入进口汽车这一市场，需要进一步了解国产汽车用户和进口汽车用户在年龄上的差异，制定针对不同年龄的品牌定位和策略，从某汽车资讯客户端的数据中发现（如图8-2所示），相比国产汽车，进口汽车的关注人群年龄分布相对均衡。国产汽车的关注人群多集中在30～39岁。进口汽车相比国产汽车的关注人群，更呈现年轻化的趋势，30岁以下的人群占比增加。针对这一发现，该汽车企业便可以把自己即将踏入进口汽车市场的品牌，定位得更加年轻化一些，以满足用户的需求。

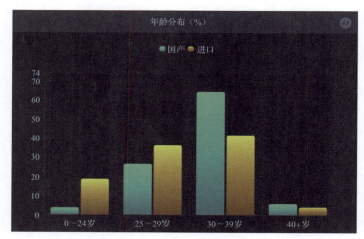

图8-2　国产汽车和进口汽车的用户年龄对比

2. 大数据成为汽车行业市场营销的利器

在移动互联网时代，网上的信息总量正以极快的速度不断暴涨。每天在Facebook、Twitter、微博、微信、头条、电商平台上，各种文本、照片、视频、音频、数据等信息高达几千亿条，这些信息包含了用户的个人信息、商品信息、行业资讯、用户浏览行为数据、用户评论、商品成交记录等海量数据。这些数据可以按照一定的规则清洗形成汽车行业大数据，其背后隐藏的是汽车行业的市场需求、用户画像、产品建议等信息，体现着无穷的价值。

第 8 章　大数据产品在各个领域中的应用

在汽车行业的市场营销中，大数据可以应用在产品、渠道、价格和客户等各个方面。企业通过获取数据并加以统计分析可以充分了解市场信息，可以了解自己的用户画像、自身所处的市场地位、用户的兴趣和需求，还可以应用算法模型，挖掘汽车行业消费者数据，这有助于分析顾客的消费行为和价值取向，便于更好地为消费者服务和维护客户关系。

我们来看一个在欧洲杯期间利用大数据深挖用户痛点，制定请假攻略的应用案例。

首先来看一下用户在欧洲杯期间的关注焦点，如图 8-3 所示，发现用户除了关注球队、球星、赛事、进程等之外，还面临请假、熬夜看球、上班等现实问题。

图 8-3　用户在欧洲杯期间的关注焦点

再来看一下 Jeep 自由光这款车型用户的兴趣图谱，如图 8-4 所示，发现用户对足球、家庭等兴趣显著。

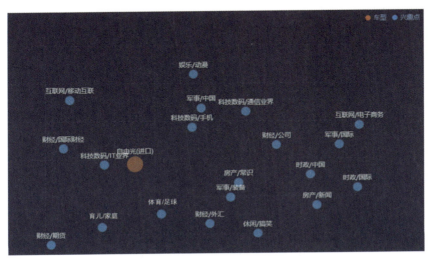

图 8-4　Jeep 自由光用户的兴趣图谱

另外，通过某汽车资讯的大数据了解到 Jeep 自由光用户中有 65% 为公司职

203

员，72.9%为已婚人士，并深度剖析了欧洲杯赛事期间的用户行为，发现"请假看球"成为用户最关注的问题之一。

欧洲杯决赛在周一凌晨三点，上班族熬夜看球会影响周一的正常工作，已婚族通宵看球容易影响妻子和孩子的正常休息。对于真球迷来说，他们是请假看球还是忍痛割爱成为世纪难题！那么，Jeep自由光是不是可以针对用户的痛点，对这个世纪难题做营销，引起共鸣，提升汽车销量？

大数据在汽车营销方面应用广泛，企业可以收集用户购买产品的价格、购买的渠道、产品的使用周期、消费者的个人基本信息、消费偏好等各个方面的数据，建立用户大数据，构建企业自己的用户画像，便可通过统计和分析，了解用户的消费行为、兴趣偏好和企业车型的口碑情况，再根据这些信息制定有针对性的营销方案和营销活动，这样最后的转化和销量数据会提高很多。

3. 大数据获取竞争对手的情报信息

在汽车行业，企业要随时关注竞争对手的情况，要分析每款车型在市面上的竞争车型都有哪些，与竞争对手有没有一些差异，在哪些渠道做宣传可以领先竞争对手获得更多的销量，大数据可以帮助企业精准地了解竞争对手的情况。

企业可以根据用户定位竞争对手。从某汽车资讯客户端发现，如图8-5所示，奥迪Q7和宝马X5用户的性别分布极为相似，男性占比都较大，他们的用户在性别比例上保持一致。

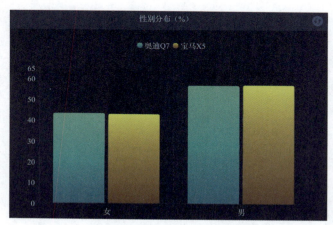

图8-5 奥迪Q7和宝马X5用户的性别分布

然后，从用户的年龄分布发现，奥迪Q7和宝马X5的主要用户集中在25～39岁，如图8-6所示，与汽车行业的用户整体分布相近，而相对于汽车整体行业来说，奥迪 Q7 和宝马 X5 的用户在 25～29 岁的占比更大，两款车的用户有年轻化的趋势。

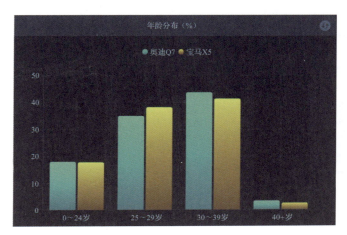

图 8-6　奥迪 Q7 和宝马 X5 用户的年龄分布

如果从用户画像来看，那么奥迪 Q7 和宝马 X5 这两款车型的用户重合度很高，可以简单地理解为在汽车市场上，奥迪 Q7 和宝马 X5 互为竞争车型。

那么，在这些用户中，他们的兴趣是什么？在这群人中，是否能够找出用户更关注的兴趣，针对这些用户的兴趣做宣传或者推广促销活动，以提升转化率，占有更大的市场？

我们看一下两者在某汽车资讯客户端中显示的用户兴趣图谱，如图 8-7 和图 8-8 所示。

图 8-7　宝马 X5 用户的兴趣图谱

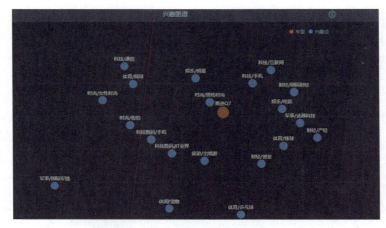

图 8-8　奥迪 Q7 用户的兴趣图谱

宝马 X5 和奥迪 Q7 的用户，都对男性时尚情有独钟，所以广告主可以考虑多往此类新闻媒体上投放广告，使广告精准触达目标受众。

4. 大数据创新汽车行业的需求开发

随着微博、微信、今日头条等媒介在移动端的创新和发展，用户分享信息变得更加便捷并且容易传播，对车型的评价更多地体现在各种文章的评论中或者以自媒体文章形式存在。这样，网络评论形成了交互性大数据，其中蕴藏了巨大的汽车行业需求开发价值，供汽车品牌商改进产品和提升服务。

例如，通过某汽车新闻资讯客户端的自媒体评论宝马 X5 的文章发现，如图 8-9 所示，资讯用户最关心的还是汽车价格和汽车保养，降价促销类的新闻总能吸引用户的注意。因此，品牌商就可以在汽车的性价比上做一些改进。

舆情监控

话题	总停留时长(分钟)	曝光量	点击率(%)	平均停留时长(秒)
资讯	123,200	570,219	22.54%	58
文章标题	总停留时长(分钟)	曝光量	点击率(%)	平均停留时长(秒)
宝马x5一年保养费用得多少?	10,673	18,857	31.02%	109
原来宝马x5还有不为人知的小秘密	7,214	26,325	30.37%	54
为何宝马x5那么受年轻人的青睐?价格降到不敢想	5,930	15,175	41.44%	57
宝马x5质量到底怎么样?你了解吗?	5,715	18,240	26.77%	70
宝马x5与奔驰gle400比较哪款好?	5,122	8,791	21.06%	166
17款宝马x5四月经销商让利酬宾大幅度优惠	4,636	17,527	23.51%	67
同样3.0L差价只有1万,宝马x5对比x6我该怎么选?	4,489	10,923	25.24%	98
3款最好的中大型豪华suv,每款都是撩妹神器!你值得拥有!	4,469	20,750	27.36%	47
2017款平行进口宝马x5bmw35i各版本该怎么选?	4,236	12,720	17.52%	114
比宝马x5便宜20w,这款suv比路虎还霸气!	3,903	15,113	32.03%	48
产品	11,888	79,982	20.82%	43
价格	1,450	10,512	26.22%	32
其他	727	4,779	15.21%	60

图 8-9　宝马 X5 的舆情监控

随着自媒体的发展,现在在今日头条、微信、微博等平台上,随处可见网友发表文章评论某款产品的优点、缺点、功能、质量、外形美观度、款式和样式等,这些都构成了产品需求的大数据。汽车企业如果能对网上汽车行业的评论数据进行收集,或者联合汽车资讯 App,建立网评大数据库,然后再利用分词、聚类、情感分析等算法,了解消费者的消费行为、价值取向、潜在的消费需求和产品质量问题,就可以完善和创新产品,量化产品价值,定制更多的适合用户需求的功能,提升服务运营水平,用数据驱动企业更高效的发展,实现最大效益。

8.2.2 为汽车品牌商寻找与品牌匹配的自媒体

随着移动互联网的微博、微信以及众多新闻客户端的发展,各种不同的声音来自四面八方,"主流媒体"的声音逐渐变弱,自媒体越来越"火",对于汽车这种依赖市场宣传的行业来说,如何找到符合自己品牌定位的自媒体为自己宣传,显得至关重要。

如何帮助汽车品牌商寻找与之匹配的自媒体,就需要精确匹配汽车品牌商的汽车品牌受众画像与自媒体用户画像,除了这些之外,用海量数据洞察行业以及用户特征还可以帮助汽车品牌商深刻地理解行业发展趋势,了解用户画像,指导企业进行全面的决策及运营活动,细分行业结构,优化展现效果和组织形式,对行业进行更全面、更有深度的洞察。针对自媒体领域,汽车营销大数据产品基于自媒体排名和用户画像,精准匹配品牌商和自媒体,进一步指导品牌商投放策略。用户、广告主(广告公司)、自媒体都可以在大数据的帮助下,实现精准匹配,如图 8-10 所示。

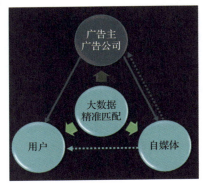

图 8-10 大数据精准匹配

基于对汽车行业数据的挖掘与分析,对汽车行业、细分市场和品牌车型三个方向进行洞察,汽车品牌商可以了解行业趋势、用户洞察和舆情监控。同时,在自媒体维度上,了解汽车行业的自媒体排名,可以为品牌商提供自媒体的精准匹配,并提供相关品牌与自媒体的合作记录和自媒体用户洞察。

汽车营销大数据产品主要分为汽车概览、细分市场、品牌车型、自媒体四大模块。其中,汽车概览包括汽车行业趋势、全行业用户洞察、行业用户的兴趣图谱和舆情监控，细分市场包括细分市场趋势、细分市场用户洞察、细分市场用户的兴趣图谱和舆情监控，品牌车型包括热门榜单、关注趋势、某款品牌或者车型的用户洞察、某款品牌或车型对应的兴趣图谱和舆情监控，自媒体包括热门榜单、品牌匹配、合作记录、自媒体的用户洞察和兴趣图谱。

在用户洞察模块中，企业可以在性别、年龄、地域上了解用户画像，了解用户在不同频道下的兴趣图谱，以及用户在每周以及不同时段的活跃情况。

例如，我们从某新闻资讯客户端发布的自媒体排行榜中发现（如图8-11所示），在所有汽车类自媒体中，用户总停留时长最长的媒体是汽车保养，其次是车之家园和汽车那点事。这样，汽车企业在选择合作自媒体的时候，就可以首先关注这些影响力比较大的自媒体账号。

No.	自媒体名称	总停留时长(小时)	曝光量(万次)	点击率(%)	平均停留时长(秒)
1	汽车保养	458,198	18,722	11.77%	75
2	车之家园	352,585	13,945	9.97%	90
3	汽车那点事	347,347	14,329	10.10%	88
4	汽车大师	225,500	9,336	8.45%	105
5	车友谈	162,992	6,760	11.62%	74
6	卡车之家	85,744	3,232	9.49%	102
7	汽车大观王慧	82,596	3,976	9.87%	74
8	一起玩车	71,808	2,992	9.31%	93
9	爱车一族	70,999	2,500	16.87%	59
10	玩车教授	69,740	4,386	7.65%	78

图 8-11 自媒体排行榜（一）

同时，对自媒体的价值进行分析，在所有汽车类自媒体中，对于其发表的文章，每日说车的点击率最高，且用户在该媒体上的平均停留时长也偏长，侧面说明该媒体的文章质量好，用户黏性偏高。如图8-12所示，在曝光量仅有126万次的情况下，自媒体每日说车的用户总停留时长就已经达到了5916小时，平均停留时长为92秒，点击率更高达18.30%，可见其文字质量还是很高的，用户黏性比较强。

对车型与自媒体匹配度进行分析，如图8-13所示，发现与宝马X5匹配度最高的自媒体是车之家园，其次是汽车那点事和DIOS车评。综合前面提到的媒体影响力，车之家园和汽车那点事这两个频道可以列入宝马X5这款车的优质自媒体名单。

例如，在2017年北京车展期间，广汽丰田在精确寻找匹配其品牌的自媒体账号过程中，发现玩车教授这个自媒体与车展相关的文章的阅读量是最大的，且在用户关注的与车展相关的文章中，价格对比和油耗对比是用户很关注的话题，如图

8-14 所示,所以广汽丰田和玩车教授合作了一篇关于雷凌油耗及价格的文章在车展期间进行传播,获得了非常好的效果,差不多是其常规内容传播的 2～3 倍。

自媒体排行榜

No.	自媒体名称	总停留时长(小时)	曝光量(万次)	点击率(%)	平均停留时长(秒)
1	每日说车	5,916	126	18.30%	92
2	小豆花侃车	3,777	305	16.93%	26
3	玩车博士	21,660	800	16.86%	58
4	国产汽车咨询	15,473	536	16.85%	62
5	七大爷品车	6,425	359	16.42%	39
6	爱车一族	16,544	694	16.30%	53
7	我是汽车迷	3,264	88	15.74%	85
8	客观汽车	3,745	165	15.00%	54
9	一点广西汽车	20,755	923	14.85%	55
10	有车族	13,746	368	14.80%	91

图 8-12　自媒体排行榜（二）

车型匹配榜

No.	自媒体名称	匹配度	总停留时长(小时)	曝光量(万次)	点击率(%)	平均停留时长(秒)
1	车之家园	100	64,848	4,288	7.02%	78
2	汽车那点事	94	76,714	4,587	7.67%	78
3	DIOS车评	84	17,020	1,077	9.34%	61
4	汽车领航者	83	266	27	6.12%	57
5	小豆花侃车	76	3,777	305	16.93%	26
6	一品车社	75	19,622	1,006	12.14%	58
7	我有车	74	2,460	143	10.29%	60
8	津港越野车	69	677	84	5.11%	57
9	七大爷说车	64	1,857	138	17.09%	28
10	一点广西汽车	63	20,755	923	14.85%	55

图 8-13　与宝马 X5 的自媒体匹配榜

图 8-14　广汽丰田用户的兴趣图谱

8.3 大数据产品在游戏领域中的应用

8.3.1 大数据产品在游戏行业中的重要性

在中国,游戏行业是一个很大的市场,但是中国游戏市场的整体收入和用户规模基本上已经接近上限,增长率已经趋于停滞。从2018年上半年来说,游戏市场的整体收入为1050亿元,同比增长5.2%。如图8-15所示,2018年1—6月,中国游戏市场在整体收入上的增幅出现明显降低。

图 8-15 中国游戏市场实际销售收入与增长率

在收入规模增幅变低的情况下,我们再来看一下中国游戏市场的用户规模。如图8-16所示,2018年1—6月,中国游戏市场的用户规模约为5.3亿人,同比增长4%。可见,自从2008年以来,中国游戏市场的用户规模的增长已经逐年走低,现在基本趋于停滞,用户由增量市场转变为存量市场,用户规模趋于饱和。在这种大环境下,想要抢占更大的份额,游戏品牌商必须深挖数据,通过数据精细化运营游戏,不断降低运营成本,提高用户留存率和收入。

图 8-16　中国游戏市场的用户规模与增长率

数据分析在游戏领域中十分重要,特别是手游的商业化。充分利用数据分析,不仅可以提高游戏收入,让用户在游戏上投入更多的时间和金钱,还能提高产品运营人员的工作效率。同时,研发场景下的数据分析需求正逐渐增多。在游戏的开发、发行团队中,最关注产品内行为数据的是游戏策划和程序开发人员,未来这个场景将是大数据行为分析平台的一个主要应用范围。只有充分意识到数据的重要性,才能挖掘数据的价值,为用户提供更好的体验,为公司带来更大的价值。

在大数据市场上,各家数据公司根据游戏品牌商对数据产品的需求,分别推出了针对游戏行业的数据产品和解决方案。例如,热云数据、TalkingData、iData 腾讯游戏数据服务等,为游戏提供了一站式数据分析和解决方案的智能化数据服务平台。

8.3.2　游戏行业在不同场景下的数据产品需求

经过对游戏行业内多个游戏品牌商、游戏从业者进行大量的调研,游戏领域中的大数据产品可以为用户在投放场景、运营场景和游戏研发场景三大场景提供深度服务。对于不同场景下的用户群体,其数据产品接受能力和数据分析能力不同,关注的数据也不尽相同,数据产品需要结合用户和场景进行重新梳理,制定解决方案。

针对 B 端客户,在拜访大量游戏品牌商、收集用户需求的同时,结合市面上相关的数据公司为游戏行业需求提出的解决方案,大数据产品可以在以下三大场景下为用户提供帮助。

1. 投放场景

投放场景下的用户只关注反映投放效果的相关指标。例如，新增的激活、注册、付费用户数，不同投放计划、不同转化目标下的转化效果等。

例如，可以为客户提供多维度的用户分群的画像信息，给用户群添加按照公共属性查看占比的功能，用户通过此功能可以了解哪些时间段（小时级）新增的玩家，发生付费行为的比例最高，可以为客户提供投放效果分析报告，并给出一些业务上的指导。

在投放场景下，游戏客户最关心以下几个指标：

（1）LTV（Life Time Value，生命周期价值）。

LTV 的计算规则：某日的 LTV= 该日新增用户在随后 N 天花费的金额 / 该日新增用户数。

对于 LTV，只需要真实值，而不需要预测值，真实值需要计算 1~10 天的 LTV 值、14 天的 LTV 值、30 天的 LTV 值、60 天的 LTV 值等。

（2）首付金额、首付人数：即每天在游戏中产生首次付费行为的人数和金额。

（3）投入产出比 ROI：ROI = LTV/ 单个获客成本。

（4）流失：主要定义为前 30 分钟的流失，即用户首次玩游戏仅进行了不到 30 分钟，然后 24 小时之内就再不活跃的人。

除了上面的几个核心指标，还有日活跃用户数、新增用户数、平均停留时长、付费用户数、新老用户占比、留存率、付费用户占比等。

2. 运营场景

游戏的运营人员比较关注游戏整体的基础数据，每一次运营活动带来的数据变化可以根据游戏中的活跃、付费行为，圈出重点用户，详细查看他们在游戏中的行为。

我们调研了多家游戏品牌商，同时对热云运营支撑平台等大数据行为分析平台进行分析，发现大数据行为分析平台在游戏领域中有着广泛的应用，例如可以实现大 R 与小 R、非付费用户区分。这样，游戏运营人员就可以根据付费金额展现不同的用户分布，并给每个区间内的用户建立分群；可以在事件分析中对用户分群进行过滤，以便了解哪些时间段（小时级）新增的玩家发生付费行为的比例最高；可以查看游戏中的灰度实验用户的数据情况，对实验情况进行分析指导，能够查看、统计游戏产品的流失情况。

3. 游戏研发场景

在研发场景下，用户会关注游戏中的方方面面，因为该场景下的用户是对游戏质量负责的，需要直接优化游戏本身，进一步驱动游戏产品迭代。

游戏研发场景与大数据行为分析平台的传统场景非常类似，主要面向的用户为游戏开发团队中的程序开发和游戏策划人员，功能需求主要是根据大数据行为分析平台指导迭代产品自身的功能，深度挖掘用户需求。

在游戏研发场景下，游戏内的所有详细行为数据，有助于游戏策划人员找到游戏优化的方向。

8.3.3 游戏领域的数据产品介绍

通过前面的介绍，我们可以发现，在游戏领域中，数据产品有着广泛的应用。在市面上，已经有越来越多的公司的数据产品开始为游戏行业提供有针对性的服务，例如热云数据、TalkingData、iData 腾讯游戏数据服务等，我们分别来看一下这些游戏领域的数据产品。

1. 热云数据

热云数据是一家专注于移动互联网领域数据分析的第三方大数据服务商。服务的行业主要为移动游戏，另外覆盖移动应用行业的社交、金融、电商、教育、直播、房地产、O2O 等领域。其主要有如下几款产品。

1）TrackingIO

TrackingIO 是热云数据公司的广告监测与用户行为分析平台，提供包括从广告渠道方的点击、下载、安装启动到后续用户的活跃、付费、留存、自定义事件、漏斗转化等监测与多维分析服务。

其提供的产品核心功能主要有以下几个：

（1）分渠道的用户激活和留存监控，一站式管理渠道效果分析。

（2）自定义的用户行为、事件等深度转化统计和分析。

（3）基于海量数据积累和算法，甄别渠道假数据和作弊点击。

（4）基于 iOS、Android 和 H5 等多种产品类型的监控。

对于游戏行业来说，TrackingIO 为国内 80% 以上的游戏品牌商提供服务，支持付费、留存、ARPU、LTV、ROI 等后续深度转化指标，帮助游戏品牌商衡量广告投入与最终游戏内消费的回本周期和效率。

2）防作弊卫士

防作弊卫士的核心功能是基于热云全量大数据，分析常见场景下的作弊手段和数据特征。防作弊卫士基于大数据行为特征模型，结合历史数据利用防作弊算法，并依托广告防作弊业务模型，识别作弊 IP/设备，对虚假流量进行主动清洗过滤，让作弊流量无处可藏。防作弊卫士提供的防护类型如表 8-1 所示。

表 8-1　防作弊卫士提供的防护类型

防护类型	针对的作弊方式
IP 黑名单库防护	刷量公司或渠道购买大量 IP，利用机器程序同时帮助多个渠道伪造不存在的用户，大量报送点击/激活。有些公司也会应用 VPN 切换 IP 刷量
时间顺差异常防护	刷量渠道会利用 Last-Click（最后互动）归因模型的弊端，通过获得设备/IP 信息不断刷点击，以抢到其他渠道的激活量
IP 离散度防护	刷量公司在一天内使用固定 IP 伪造大量点击/激活
模拟器识别	利用安卓模拟器，批量刷广告点击和后续用户行为
黑设备识别	工作室使用上百台真机刷量，通过程序模拟用户点击行为，甚至后续的用户使用行为
设备置信度库	通过不断重置操作系统等信息为新增设备刷量

3）灵犀

灵犀是热云旗下最新推出的行为分析平台，是从 TrackingIO 中分离出来的产品。其核心功能主要有以下几个：

（1）事件分析。通过事件分析功能，可以多维交叉分析，深度了解用户。

（2）漏斗分析。查看用户在使用产品的过程中各个关键节点的转化率和流失情况。

（3）留存分析。通过灵活的留存分析功能锁定活跃用户。

（4）智能路径。通过精确算法模型分析出用户的路径偏好，掌握用户对产品的核心使用习惯。

（5）用户分群。可以重点关注具备某种特征的人群的数据，也可对比多个用户群的数据。

灵犀可以为游戏行业提供如下解决方案：

（1）针对游戏行业运营需求，提供从用户获取、活跃到付费的指标体系，进而选择优质的获客渠道。

（2）通过用户属性的多维分析，查看产品内用户等级分布、不同等级用户付费金额分布等，洞察不同用户的付费潜力。

（3）通过各个关卡停留用户数等数据信息，获悉产品改进方向。

4）热云游戏运营支撑平台

热云提供的游戏运营支撑平台为游戏开发者提供全方位的数据分析服务，以数据为驱动，帮助开发者解决在游戏运营过程中遇到的数据分析问题。游戏运营支撑平台的主要功能如图 8-17 所示。

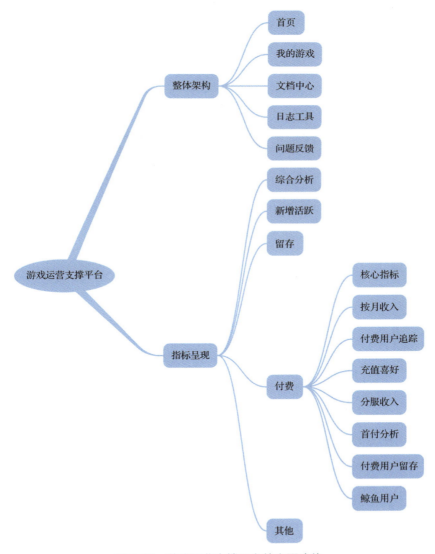

图 8-17　游戏运营支撑平台的主要功能

当然，热云数据还推出了针对受众管理的 UserDesk 和帮助客户了解市场主流信息流媒体广告投放情况的 Adinsight 等工具和产品，这里就不一一介绍了。

2. TalkingData

TalkingData 也有很多功能可以很好地应用于游戏领域，例如 Ad Tracking（移动广告监测）、App Analytics（应用统计分析）、Game Analytics（游戏运营分析）等产品和服务，我们分别看一下各个产品为游戏行业提供的主要功能和产品特点。

1）Ad Tracking

Ad Tracking 是国内领先的第三方移动广告效果监测平台，对接今日头条、广点通、智汇推、新浪粉丝通、Google Adwords、多盟、InMobile 等国内外 400 多家广告平台。与热云的 TrackingIO 产品功能类似，Ad Tracking 的产品功能页面如图 8-18 所示。

图 8-18　Ad Tracking 的产品功能页面

它主要有以下几点服务优势：

（1）防作弊体系。

（2）H5 平台监测。

（3）全媒体广告监测。

（4）再营销广告监测。支持基于 DeepLink 的商品直达页广告监测。

（5）分群分析。多维度用户分群定义，深度探索留存、LTV 等用户转化效果。

（6）EasyLink。统一监测链接，实现 iOS 平台与安卓平台智能监测。

2）App Analytics

App Analytics 是专门针对 App 推出的大数据统计分析平台，对游戏领域也非常适用，目的是帮助用户解决移动应用数据统计、渠道评估等日常应用运营数据需求。与灵犀、神策等行为分析系统有些类似，App Analytics 的产品功能页面如图 8-19 所示。

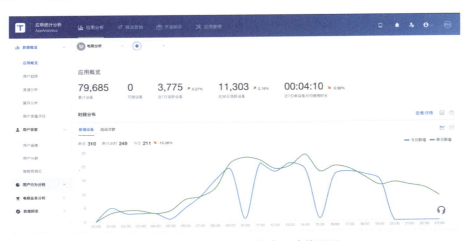

图 8-19　App Analytics 的产品功能页面

App Analytics 目前支持九大开发平台：iOS、Android、Windows Phone、PhoneGap、Unity 3D、HTML5、WeApp、React Native、快应用。

它主要提供以下六大工具：

（1）用户质量评估。依靠大数据技术手段，引入"姿态识别"等智能技术区别真假。

（2）灵动分析。颠覆传统应用统计使用方式，无须对数据追踪点添加任何代码。

（3）错误报告。及时了解应用在实际运行中的异常发生趋势和发生概率。

（4）交易行为分析。快速追踪用户的应用内购买行为，分析用户价值。

（5）自动预警通知。在数据量产生较大变动时及时给予通知。

（6）渠道打包工具。制作海量渠道分发包一键批量出包。

总的来说，就是针对预定义埋点一系列定制化分析，在数据探索中只能按照特定维度查看新增和活跃的数据。

3）Game Analytics

Game Analytics 在功能上与热云的运营分析有些类似，主要包含以下六大实用工具：

(1) 等级分析。

(2) 关卡和任务分析。

(3) 虚拟消费分析。

(4) 收入分析。

(5) 鲸鱼用户。

(6) 营销活动。针对运营活动进行分析。

Game Analytics 从整体上看与热云的游戏运营分析极其相似，这里不做过多展开，Game Analytics 的产品功能页面如图 8-20 所示。

图 8-20　Game Analytics 的产品功能页面

TalkingData 还有 Smart Marketing Cloud 智能营销云、Smart Data Market 智能数据服务平台以及 Brand Growth 品牌广告价值分析平台等。最后，不得不提一点，在 2018 年的全球游戏产业峰会上，TalkingData 还提出了游戏生命周期曲线预测模型，对游戏的运营活动具有很强的指导意义。

3. iData 腾讯游戏数据服务

iData 是腾讯提供的游戏服务，致力于为游戏提供一站式的运营解决方案和智能化数据服务平台。iData 为业务提供了一套数据化运营工具，包括精炼腾讯游戏多年经验而成的运营指标体系、多维分析引擎、海量可视化图表等，帮助游戏企业更全面、更准确、更快速地分析数据，把握用户趋势，实现数据驱动精细化运营。

iData 提供的分析和统计功能详见表 8-2。

表 8-2 iData 提供的分析和统计功能

报表统计	游戏概况	经营分析
		运营概况
		实时数据
	基础专题	新进分析
		活跃分析
		付费分析
		流失分析
	定制专题	模式偏好
		付费偏好
		行为偏好
		道具偏好
	游戏日报	手机日报
		邮件日报
数据分析	用户提取	覆盖游戏所有基础数据指标，快速、简便地满足游戏运营需求；支持个性化指标定制，多列提取特定用户包
	画像分析	多维度同时展现玩家属性分布，还原用户全貌；支持自助设置指标区间、定制指标、自定义保存标签用户
	下钻/透视分析	通过智能漏斗模型，层层筛选过滤数据，直击目标用户；透视分析综合展现多维属性交叉热度分布，帮助运营人员精准定位目标用户群
	跟踪分析	用户行为细查

4. MobGames

MobGames 是 MobData 推出的游戏大数据解决方案，主要针对游戏行业，结合行业数据以及 MobData 自有数据，为游戏类客户提供 Lookalike 种子用户筛选、竞品用户画像等功能，同时为企业提供精细化运营、自定义多维交叉事件分析、实时监测游戏内外舆情这三个主要功能。

MobGames 可以根据玩家状态，精准预测用户行为趋势，并在深度 AI+ 机器学习的基础上，优化游戏体验。在竞品分析方面，MobGames 可以全面透析整体行业数据，对竞品画像深度分析。通过累计 2000 多个多维度标签，MobGames 可以帮助游戏精准定位目标客户群，实现智能营销，可视化行业定制报告；解析关系图谱，挖掘相似用户，一键智能推广，提高转化效率，形成投放＋触达广告监测闭环。

8.4 大数据产品在内容领域中的应用

8.4.1 内容产品及行业简介

阿里巴巴高级产品专家林鸣晖曾在 2017 年提出，无数据、不内容，无内容、不电商的概念。在"内容为王"的时代，互联网内容产品风起云涌，不论是红极一时的暴风影音，还是当下风生水起的快手、抖音，内容产业的市场一直颇具竞争力。从互联网内容产品本质上来看，内容的本质是信息，而眼睛和耳朵是人类感知信息的主要工具，所以信息主要通过提供文字、资讯、漫画、图片、音频、视频等内容服务于用户，传递给用户的感官。而在当下，随着追求品质生活的人群不断扩张，人们对高质量、个性化内容的需求更加强烈。如何更精准地满足当下时代用户对内容的消费需求？如何满足人们不断提升的高质量内容需求？同时，在满足内容消费需求的同时，如何更好地提高内容的更新速度？这些问题想要得到完美解决，就需要依赖数据的驱动与支撑，同时随着新技术的发展，内容推荐算法更需要依赖海量数据。通过数据洞察用户行为，我们可以分析用户行为的画像，解剖内容的阅读粉丝及自媒体的粉丝画像。通过分析用户画像和流量画像，挖掘内容的生态价值是必然趋势。

从内容产业的角度进行分析之后，再从内容类型的角度分析内容大数据的应用。横向对比各大平台的内容分类，如图 8-21 所示，以新浪微博、网易新闻、爱奇艺为例，大致有几十个频道，通过内容大数据做一些算法聚类处理，实现对不同垂直分类的内容进行归类。

第 8 章 大数据产品在各个领域中的应用

(1) 新浪微博的内容分类　　(2) 网易新闻的内容分类　　(3) 爱奇艺的内容分类

图 8-21　新浪微博、网易新闻、爱奇艺的内容分类

从时代界定来看，内容可以分为传统内容和新媒体内容。传统媒体内容包括以电视、广播、报纸、周刊（杂志）等形式发布的视频、音频、资讯等内容，而新媒体时代下的内容，出现了信息急速膨胀、信息内容质量参差不齐等问题，同时在内容生产、分发和消费中则脱离不开网络及平台的技术与算法。

从内容形态上来看，内容主要分为资讯类、图片漫画类、直播类、视频类、音频类等形态。资讯类包括各大新闻媒体 App，如网易新闻、今日头条等，而快看漫画则属于图片漫画类产品 App，直播类细分则包括美女直播、游戏直播等，视频类则如当下流行的快手、抖音等短视频 App，音频类内容产品像喜马拉雅、得到等，均为各种内容形态下的产品细分。

从生产内容角色上来看，内容分为专业内容原创者及自媒体内容创作者，这里定义的专业内容原创者指的是传统媒体时代下的编辑们，像搜狐新闻、网易新闻、澎湃新闻等企业尚有专业领域的编辑存在，如娱乐编辑、体育编辑、航空编辑等，编辑负责各自领域的热点追踪，并在各自专注的内容领域发稿。随着移动互联网时代的发展，专业内容原创者和自媒体内容创作者的界限越来越模糊，通过对自媒体平台的数据分析，可以看到很多专业的自媒体内容创作者深藏于"民间"，例如一些当下正火的美食博主等。

8.4.2 传统编辑对内容领域中数据的应用

当下时代的编辑凭借自身对内容的敏感往往承载了更多的角色，在原创内容的审核上，他们会挑选优质内容，这些内容未必是自己生产的，但对平台的流量效果有正向作用；对优质热点内容进行个性化推送，增强内容的传播效率及效果等。在这其中，编辑关注的内容数据会根据不同的业务场景区分定义。

1. 提升原创内容转化

编辑关心内容的阅读转化情况，关心内容的流量消费情况，在推荐时代，更关心自己原创的内容有没有得到预期的曝光。单篇内容的阅读转化情况可以用漏斗分析辅助编辑应用数据。第一个环节：有多少用户来到平台。第二个环节：在这部分用户中有多少用户看到了文章内容。第三个环节：看到内容后又有多少用户点击文章进行了实际的浏览。第四个环节：浏览文章之后有多少用户选择了分享内容。整个流程的转化漏斗如图 8-22 所示。每一个环节都可以分析出不同的问题，例如，在第一个环节中访问用户数不足是不是因为运营推广的效果不好，是什么因素导致拒用户于门外，如果第二个环节的流失率很高是否是推荐机制没有给内容很好的曝光，平台明明有很大的用户访问量，但是对优质内容却没有太多的曝光量，这就需要找推荐机制的同事好好反馈，通过第三个环节点击阅读用户数的高低，可以定位内容标题及内容摘要是否对用户有足够的吸引力，通常情况下用户阅读时长可以辅助第三个环节进一步分析，用户阅读量很大但普遍的次均阅读时长（总阅读时长/阅读次数）很低，那么便可以质疑内容质量，用户打开了文章内容而没有认真地阅读很长时间，是文章内容存在标题党现象，还是不符合用户的胃口，接下来需要认真地对比分析；同样，最后一个分享环节，代表用户想要传播内容的欲望程度，主动发起分享的用户越多，文章内容越容易带来爆炸式的流量增长。

图 8-22　阅读转化漏斗

2. 挑选优质内容

编辑们往往会发现一些内容规律，比如什么类的自媒体容易发重复抄袭的内容，像三俗、标题、广告等质量不好的内容一般会有哪些具体数据表现。结合对内容领域用户的了解，编辑们很容易凭借经验判断什么类型的内容往往不符合用户的胃口，那么在挑选优质内容时就会绕过这些内容。低质量文章的这些数据（如表 8-3 所示）可以反馈到审核系统，帮助审核系统训练完善审核模型。随着审核模型的逐步优化完善，编辑后期挑选优质内容的工作成本也会降低。

表 8-3 低质量内容处理列表

现象标记	标记时间	关键词	内容分类	内容数量/条	建议处理方案
疑似广告	2018.10.25	价格、品牌、促销、打折	科技、手机、数码	38	直接机器删除
疑似重复	2018.10.25		各个分类	280	保留内容质量好的前几篇供人工筛选，删除其他
色情	2018.10.25	涉黄、包养	集中在娱乐内容	80	直接机器删除
质量差	2018.10.25	内容短且无营养，无内涵，机器不好判别	各个分类	320	直接机器删除
造谣	2018.10.25	惊人大消息、史无前例、天呐	各个分类，娱乐居多	38	大多需要辅助人工判别
标题党	2018.10.25	惊人大消息、史无前例、天呐	各个分类	280	机器删除，可以辅助人工判别
……				80	……
……				67	……

3. 分析推送内容数据

编辑需要结合具体的业务场景对推送数据做进一步分析应用，一般情况下需要分析整个推送环节的转化漏斗。例如，推送内容覆盖的用户量、推送到达的用户量、有多少用户打开内容、打开内容后有多少用户进行了多长时间的阅读，这些都可以深入分析，并将其应用到自己的内容质量提升和之后推送的方式与方法上。

8.4.3 大数据在自媒体领域中的应用

内容领域随着自媒体时代的到来发生了巨变，主要体现在内容创作者的自由入驻，这种改变帮助了很多"草根"内容创作者完成逆袭，同时带来了很多商业模式的变革和创新，引领了内容消费场景升级。自媒体时代的到来，促使很多内容发布和内容变现平台产生，网易号、百家号、头条号、公众号等均为自媒体时代下的平台。以百家号为例，2016年10月12日，百度公布旗下自媒体平台百家号数据情况，自6月推出以来，累计注册用户数达到105 083个，通过账户数为21 708个。在收益分成情况方面，32位作者收入超过1万元，253位作者收入超过3000元。此外，单篇文章收入最高为6013元，796篇文章收入超过1000元。2017年第四季度，内容原创者从2017年年初的20万个上涨至100万个。可见，自由内容生产者的时代已经到来，呈现出百家争鸣的景象，并随着自媒体领域的不断发展，内容创业市场正从"红利期"逐渐进入"精耕细作期"，内容分发平台不但承担着满足多元化用户阅读需求、打造多元且丰富的内容生态链的任务，还需要帮助非头部账号解决流量瓶颈、变现困难等问题，而这些问题都需要依靠数据寻找解决方案。

自媒体的内容流转包括内容生产、内容过审、内容推荐、内容分发、内容消费、内容补贴等环节。

（1）内容生产。我们可以通过自媒体主在自媒体平台的行为与发文活跃等数据监控平台整体的功能与平台的运营问题，例如平台的登录转化数据，即账号登录平台、进入平台首页、又在平台发文的转化数据的波动，这些数据可以帮助我们判断平台的功能是否很好地引导了自媒体主生产内容或平台是否成功地引导了自媒体上线热点内容，或通过分析在自媒体平台上发布内容失败的账号行为可以判断平台的产品设计问题，比如平台提供了发布文章和发布视频两种产品功能，统计发现每天发布文章和发布视频失败的账号数量稳定在500个左右，但发布文章失败的次数在500次左右，而发布视频失败的次数在3000次左右。由此可以分析得出，每天发布文章失败的账号，可能再次尝试发布后就能够成功，而发布视频失败的账号，尝试了很多次仍然失败，那么自媒体用户很可能就放弃了发布视频，这对平台内容的生产是有负面影响的，毕竟没有平台期望用户在创作内容时遇到障碍而影响内容生态建设。

（2）内容过审。自媒体账号在平台生产、发布内容，但内容一般并非直接触达用户，而是进入内容过审环节，这一点在较为成熟的平台中会更加严格，一般会受标题党、广告、三俗、内容重复等硬规则限制，在其中也会加入人工审核进一步管控。内容的生产量与内容的过审量一般决定该自媒体账号的内容生产水平，随着平台陆续公布鼓励入驻的政策，运营人员发现某些搬运号谋求一时利益，长期搬运重复内容，或者发布虚假或三俗内容博取观众眼球，在缺乏营养的内容中掺杂广告等，运营人员积累下的这些数据在逐步完善起来的过审环节中非常重要，一般会设定一系列指标对某些不符合规则的账号予以处罚与封禁，同时，对能通过过审环节的账号，平台一般会给予该类型账号长期的生存空间和流量加持。在此环节，维护平台生态稳定的运营人员会基于内容生产量、有效内容量、可推荐内容量以及内容通过率等数据指标综合评判自媒体账号生产环节的整体水平，同时也可以基于这些数据通过算法实现自动审核机制。当下的内容生产环节出现了某些自媒体主盲目追求利益的现象，他们往往采用一些作弊手段发文，并且实际发文的质量"不可小觑"，在这方面平台一般会通过数据监控保障生产环节的生态平衡，在业务场景上有可能出现的发文作弊情况通常为用一个身份证号申请多个账号入驻、发文频率过快、发空文章凑发文量、发文地域集中、发文时间不合常理、发文的手机或电脑IP集中等。平台可以通过多方面无死角的数据监控，发现在生产环节中出现问题的自媒体主，给自媒体主做标签标记，甚至直接扣除这些自媒体主的内容收益。

（3）内容推荐。根据内容的曝光量、点击量以及页面停留时长等历史数据和行为数据，通过算法模型，程序会推测用户的意图，为每个用户推荐他可能喜欢的内容，实现内容画像和用户画像的匹配，并根据推荐的效果数据不断优化算法，训练程序，使其推荐得越来越精准，从而显著地提高用户的点击率和流程率，进一步增加平台的用户黏性。

（4）内容分发。通过内容的曝光量，平台可以分析自媒体策略调整后给自媒体内容流量带来的影响，时刻关注曝光点击量，计算曝光点击量的数据波动，监控自媒体内容的推荐效果。平台要关注不同等级、不同分类的账号的曝光点击效果，分析并找到需要提升的账号分类，通过数据监控保证头部账号的推荐效果，在一定程度上提升腰部自媒体账号的稳步上升，对尾部账号进度适当提升与整治，通过数据监控与运营策略的匹配定位有些屡试不见起色的账号是否可以调整优先级处理等。

(5) 内容消费。平台要关注内容在消费各个环节中的数据指标。例如，阅读次数、阅读人数、阅读时长、阅读进度、分享次数、分享人数、分享率、跟帖次数、跟帖人数、回流次数、回流人数、投诉次数、投诉人数等。分析内容消费环节的各个数据指标可以得出很多结论，如什么类型的账号分享率最高、什么内容经常得到用户的投诉，通过分析这些内容可以集中定位到那些账号身上，从平台的运营者身份出发，为了保证自媒体的生态平衡，可以对这些账号进行适当的处理操作。

(6) 内容补贴。自媒体账号的"蛋糕"（收益补贴）往往不仅需要参考内容的产量，而且还会根据内容的流量情况进行收益分配，于是出现了一批为获取收益刷流量的账号，这些都会表现在数据上。通过内容曝光和消费环节的数据分析，可以定位到这些文章，找出发文账号，进行收益调整的运营工作人员要想让"蛋糕"分配得更加合理，离不开这些数据的应用。进一步来看，正常的内容消费流程曝光后都会有阅读量，刷阅读接口的"用户"总能漏出一些马脚，比如无曝光但在短时间内有很多阅读量，且阅读时长均为 1.25 秒，比如同一个 IP 集中阅读 100 篇内容，且这 100 篇内容均为同一个自媒体主最近几天发布的，再比如一个账号的总阅读量为 12 000 次，作弊用户带来的阅读量有 11 800 次，作弊阅读量的占比接近 99%，然后平台可以定位这个账号生产的所有内容，往往会发现一致现象，内容质量一般，搬运嫌疑很重，在这些情况下可以根据这些数据表现对账号进行降级处罚或收益扣除操作。

在平台功能范畴，为更好地给用户推荐更匹配的内容，平台一般会提供自媒体基础信息，并基于基础信息给用户提供自媒体账号的订阅关注功能，比如微博和今日头条的关注、网易新闻的订阅。用户如果倾向于阅读某个自媒体的内容且选择了关注/订阅该自媒体，那么平台之后会直接呈现给用户该账号生产的内容。基于这个角度的业务场景，可反推到自媒体内容创作者角度，发什么内容容易带来粉丝关注。同时，平台基于粉丝或非粉丝用户阅读数据的差异，把相关数据应用到内容推荐算法中，给用户更加精准匹配内容。如果用户对某一账号的关注/订阅行为集中，那么平台可以考虑从产品层推荐用户关注相似分类的账号。或基于订阅/关注做内容的兴趣猜想，比如推荐用户关注此账号的用户列表，并给用户推荐他们还看了哪些内容，引导用户发现自己的兴趣，引导用户和用户之间互相关注。

除此之外，自媒体生态包括其他延伸领域，比如抓取内容分发、收益分配运营等，每一个环节都离不开数据，每一个环节的数据应用都在一定程度上影响了运营策略的优胜劣汰，百家号、网易号、头条号大致如此。

8.4.4 自媒体用户画像数据的应用

1. 用户的基础画像信息

对内容的分析首先要了解用户画像，内容的精准创作离不开对关注内容的用户画像分析。首先，判断创作定位是否和账号的用户画像相匹配。基础的画像信息可以先从年龄和性别两个角度来看，图 8-23 为用户画像示意图。举个用户画像应用的例子，对于宝妈育儿的自媒体账号来说，内容主要面向 25～35 岁的年轻妈妈，讲授一些宝妈育儿经验及问题讲解。在一段时间的内容积累后，我们分析账号的数据发现，积累了 4500 个粉丝，已经颇有成效。如果用户的画像数据是 95% 粉丝为女，30～40 岁人群占比为 90%，那么说明现在的用户大部分都是自己的目标用户，可以进一步在此基础上拓展新的用户群体。而如果发现用户画像数据偏差很大，那么就需要反思自己的内容是否偏离了最初的定位。

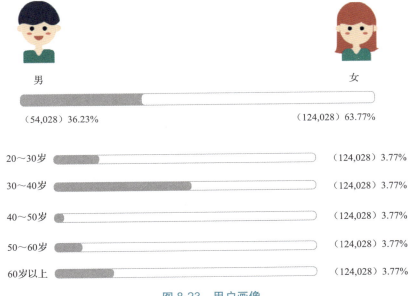

图 8-23　用户画像

除了上面例子讲到的基础用户画像信息之外，消费内容的用户机型、用户手机品牌、用户手机的价格分布、地域等信息也可以应用到内容数据分析中。比如，在渠道投放时，如果考虑海外市场投放，那么可以分析当前地域分布的用户对平台内容的消费效果数据，如果平台有订单相关业务，那么可以进一步分析这部分用户的当前消费能力，以此数据做未来消费方面的预判，如果数据效果不错就可以考虑投放该渠道。

2. 用户对内容的兴趣标签

随着推荐系统的发展，用户阅读到的内容在通常情况下通过推荐算法分发而来，推荐算法拥有一套用户的内容兴趣标签，一个用户在通常情况下会因个人阅读行为等因素被推荐系统打上各种各样的标签，推荐系统也会根据用户对内容的喜好程度判定用户兴趣标签的权重分布，图8-24表示一个用户的兴趣标签。例如，在通常情况下小王只阅读体育、综艺、与赵丽颖相关的内容，会被推荐系统学习并标记为体育、综艺、娱乐_赵丽颖这三个标签。另外，根据浏览次数、浏览时长、点赞分享等综合指标得出小王这三个标签的权重依次为72.34%、12.25%、15.41%。在接下来的内容分发中，推荐系统会按照推荐算法更倾向于给小王推荐体育标签的内容，当然实际的推荐算法系统逻辑要比上面介绍的情况复杂得多。

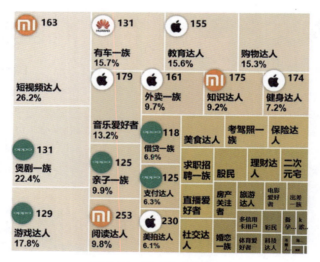

图 8-24　用户的兴趣标签

理解了这个前提，接下来充分利用内容的消费用户画像，对内容创作者和平台运作者都颇有益处。对内容创作者而言，他们通过了解用户的兴趣标签，可以知道阅读内容的用户是否是他们想触达的用户，有哪些用户是意料之外也对内容感兴趣的，这些用户身上还有哪些相似的标签，还可以帮助他们拓展生产什么内容等。对平台方而言，一方面他们可以使用兴趣标签的用户行为数据辅助优化推荐算法，另一方面可以在此基础上推荐相关兴趣内容的广告，或者推荐相关类别的账号关注等，这些都是应用消费内容用户标签的业务场景。

8.4.5 用户消费内容漏斗分析

对内容运营人员而言，用户进入平台消费内容的转化数据尤为重要，以今日头条为例，作为一个新闻资讯类内容服务平台，百万自媒体内容创作者主要通过头条号生产创作内容，内容审核后在推荐池会进行重新洗牌，最终这些内容会推荐给今日头条 App 的用户。今日头条 App 作为一款平台型产品，通过为用户提供新闻资讯、视频、文章、图集、直播等内容形态，吸引用户阅读，在平台上形成广告消费和内容消费的闭环。客户端的 DAU 可以被理解为内容的流量池，内容曝光用户数可以被理解为平台推荐文章可触达的用户数。在内容触达用户以后，用户对内容消费的行为完全靠内容自身的质量。整个消费内容漏斗如图 8-25 所示。对于平台运营人员来说，怎样在有限的用户流量基础上最大限度地衍生流量是更应该思考的问题。

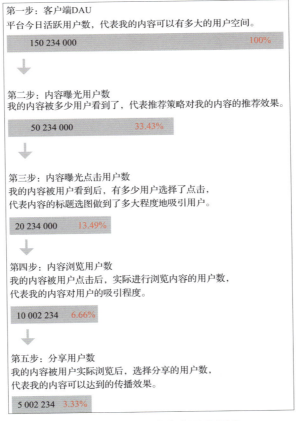

图 8-25　用户消费内容漏斗分析

数据产品经理可以基于以上流程，思考如何设计和优化产品功能，辅助提升内容消费转化，在更大程度上利用内容数据。

1. 利用内容的热点、爆点视角

根据流量飙升现象明显的文章内容，我们可以设计热点内容专辑，在通常情况下用户对热点内容的兴趣高于普通内容，这一点在一定程度上可以提高内容的曝光点击效果，以 10 月 23 日港珠澳大桥正式通车这个热点事件为例，它带动了当天微博热搜、百度热搜整体流量大涨。

全网热点依据用户搜索所用的关键词和用户全网阅读内容的流量分析，搜索内容的集中爆发和变化激增可以作为热点的及时预判，根据热点及时预判进行相关内容的推送或相关内容的分发，对平台流量提升都有很显著的效果。

2. 利用内容的热评、话题视角

收集文章的跟帖内容，把文章跟帖量大、点赞排行靠前的内容，跟帖盖楼层级较高、跟帖评论丰富的内容单独做成热评精选专题，这样的内容在既定圈子内已经被认可，容易引起互动，将这些热评专题放到客户端首要位置推出，并且优先推荐给客户端的高活跃用户，一定也可以起到事半功倍的效果。

3. 利用内容的专题栏、合辑视角

在平台内容积累到一定量之后，内容需要精选与提炼，把好的内容归类到专栏中。以上面提到的用户画像为例，可以根据用户喜欢体育或喜欢视频内容等特征，给内容划分专辑提供数据基础和依据。除此之外，内容本身的分类及内容形态的归类也便于用户阅读，专辑流量效果的差异同时进一步提示内容创作者什么内容更容易得到用户青睐。

8.4.6　视频类内容数据的应用

从 2016 年开始，视频类内容成为当下最火的内容形态之一。快手、抖音一夜之间成为各大应用商店的热搜榜榜首，各大媒体平台也注入视频类内容，视频类内容对数据的应用与分析也显得越来越重要。

首先，视频类内容的分析区别于传统的文章类内容形态，会更关心视频的播放时长、播放进度等数据。视频播放器作为视频内容承载的载体，会根据不同的应用场景有全屏、暂停、加锁等功能。用户对视频类内容的消费评价大部分都体现在对这些功能的使用数据上。一般来讲，大数据应用体现在视频审核、视频消费等多个环节中。

在视频审核环节，各大媒体平台陆续引入先进的人工智能技术，对视频进行语音、文字、人脸、物体、场景多维度分析，输出视频泛标签，定位视频的质量，更好地适配复杂背景，精准识别视频画面中字幕、标题、弹幕等关键内容，提升搜索推荐效果。如果识别到问题视频，就会打入垃圾池。审核环节的数据分析，能够定位每一个审核功能上下线对审核效率的影响，最后通过分析审核发布后内容的数据表现情况，可以大致评估平台依据先进审核技术的投入产出比。

8.4.7 内容时代我们还能用数据做些什么

除了上面提到的大数据在内容领域的应用，在内容时代，我们还能用数据做什么呢？可以从以下两个方面来看。

1. 优化内容质量

用户对优质内容的诉求只会越来越高，内容质量作为内容平台的基础属性也是需要长期优化的，在技术层面上会有越来越强的机器学习技术、算法模型等。内容质量的审核可以从标题党数据判断，也可以从内容中嵌套广告软文数据、内容三俗、内容高度抄袭、劣质内容的投诉数据判断，在人工层面上也不可松懈。搭建一个功能大而全、内容丰富的平台可能只需几个月，但是平台内容质量的维护却是长久之战。

2. 热点内容应用

基于用户的海量搜索行为数据和搜索需求分析，企业可以构建基于市场需求、人群关注热点的分析模型，未来可以尝试挖掘更多的商业价值，例如优质热点内容和广告投放领域的结合、优质热点内容和用户拉新的结合，实现更多的商业化尝试。创造营销价值是内容数据探索的重要方向。

8.5 大数据产品在交通领域中的应用

8.5.1 地图可视化在交通领域中的应用

地图可视化可以为交通出行网站和应用提供车辆定位、车辆实时轨迹、车辆

OD 效果展现、车辆热力图等功能，为交通管理部门和交通出行公司提供大数据决策分析服务。依托地图海量定位、POI、路况、用户画像、检索等大数据，结合客货车 GPS、出租车 GPS、客户端 GPS 等数据，地图可视化可以为路况拥堵、出行通勤、区域热力、车辆轨迹等方面提供精准的实时监测和深入的分析预测服务。

随着共享单车企业的发展和出行数据的积累，共享单车企业可以借助大数据智能出行平台，监测到包括骑行分布、调度管理、停放预测、地理围栏管理、车辆管理在内的多个维度数据，可以对车辆运营进行监管，并提高管理水平和服务质量，从而拥有独一无二的出行大数据智能出行平台。

（1）骑行分布。借助大数据智能出行平台，共享单车企业能够对历史骑行行为分布进行可视化展现，并可以通过整合地域、时间、天气、运力、车型、人群等众多影响因素，对未来任意时间节点、任意地点的共享单车骑行状态进行精准预测，并对骑行轨迹进行模拟展现（如图 8-26 所示），可以预测特定地点未来某一时间的共享单车供给、用户需求、想骑车时是否有车等数据，从而为运营提供指导，提升运营效率。

图 8-26　骑行轨迹

（2）调度管理。在人工智能学习的基础上，共享单车企业可以轻松实现单车的供需预测和调度。如图 8-27 所示，基于智能分析和合理预测，共享单车企业可以判断出在某一地点、某一时段的合理用车量，从而实现智能调度、平衡供需，发现城市骑行规律，从根本上化解"潮汐现象"，提升市民出行便利。

图 8-27　智能调度

（3）停放预测。如图 8-28 所示，共享单车企业基于大数据智能出行平台，实现了对智能共享单车停放状况的精准预测，掌握了热门停车区域和停车峰谷时段，从而为智能推荐停车点的设立和管理提供了数据依托。另外，共享单车大数据智能出行平台还能够为城市管理部门提供协助，助力共享单车的安全骑行、合理停放和文明用车，维护通畅交通和市容市貌。

图 8-28　停放预测热力图

（4）地理围栏管理。地理围栏数据可以实现违停的自动识别，如图 8-29 所示，通过地理围栏技术，共享单车企业可以更加精准和高效地管理车辆停放；同时，实现对驶入禁停区车辆的用户及时通知，并向在尝试禁停区关锁的用户智能提示周围的推荐停车区域，在降低成本的同时大幅度提高了管理效率。

图 8-29　地理围栏管理

（5）车辆管理。共享单车企业使用车辆管理数据能够更精确地知道每个区域停放的车辆数，充分利用地图可视化功能，便于对车辆进行管理。同时，基于车辆位置的实时数据，可以方便精准地寻找车辆，车辆管理功能如图 8-30 所示。

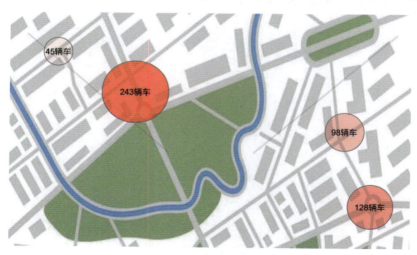

图 8-30　车辆管理功能

8.5.2　交通大数据助力城市规划

由于传统交通规划手段匮乏，大数据的应用越来越广泛，只有将大数据的分析与使用手段不断引入交通规划领域,才能不断深化数据驱动交通发展。在现阶段,上海、北京、深圳等城市已经使用了大数据手段对交通规划开展实践,同时,交通部门会通过各种方式收到越来越多类型的数据,只有积累好数据并且应用好数据才能体现出交通大数据的价值。

1. 大数据的交通信息监测与出行服务

如今,无论是在北上广这种一线城市,还是在二三线城市,随着私家车的增多,城市拥堵已经成为交通治理的首要难题。这时候,基于大数据实现交通信息实时监控和拥堵提醒服务发挥了重要作用。基于交通部门采集的数据和对部分动态数据的实时监测(如图 8-31 所示),大数据的处理分析和趋势预测等算法可以为用户分析出实时路况拥堵情况,并给出避免拥堵、花费时间最短的出行路线。目前,百度、高德等地图软件都能提供交通信息的实时展现和出行服务,并为用户提供更优的出行路线。

图 8-31 交通出行实时监测

除了私家车出行之外,在公共交通出行领域,大数据也有着广泛的应用。例如,我们使用北京市交通信息中心发布的北京市实时公交 App 就可以了解公交车的实时动态信息,比如车到哪一站了、距离你还有多远、预计几点到达该站等,并且预测的到站时间大部分误差都在一分钟之内,这方便了市民出行,消除了市民长时间等车的情形。

如图 8-32 所示,通过北京市实时公交 App,用户可以知道下一班 105 路公交车距离"西单商场"公交站还有 2.45 公里，大概 10：20 能够到达。这样，乘客就不用怕错过公交车而提前出去等待了，特别是在冬天，解决了在寒风中等公交车的困境。

图 8-32　北京市实时公交 App 的页面

2. 骑行大数据助力公共交通规划

共享单车的出行大数据可以帮助公共交通规划和公交站点优化。在公共交通规划和后期的建设过程中，交通规划设计人员往往会分析需要改造的地铁站周边公共出行的活跃度，优先选择公共交通客流量和非机动交通占比较高的站点，进行公共交通的进一步优化。

以某城市为例，交通规划设计人员可以统计单车骑行地的起点和终点落在所有地铁站周边以及地铁路线沿线的骑行订单数据总数，并对该城市地铁站站点骑行热度和地铁路线骑行热度进行相应的排名。经过统计后发现，该城市热度排名较前的地铁站站点，集中在工作中心、购物中心、交通换乘中心或者大型居住区附近。这些站点可以优先被考虑到公共交通优化中，被选做实行规划的试点区域，把不同的公共交通类型结合起来，减少城市拥堵并提高出勤效率。

以往根据地铁站进行公共交通规划的区域只能覆盖地铁站 800 米的范围，因为一般人的步行范围是 800 米，但是随着共享单车的出现，共享单车已经逐渐成为地铁站附近接驳出行的首选，逐渐把地铁站的覆盖范围扩大，那么现在的覆盖范围有多大呢？我们结合某城市××地铁站周边的骑行轨迹数据，对共享单车影响下的地铁站覆盖范围进行分析。

如图 8-33 所示，图中红色实心点是地铁站所在的位置，红色阴影区域是每个地铁站周边 10 分钟骑行可达的区域，相比于红色阴影范围所代表的传统意义上地铁站周边的 800 米可达圈，骑行 10 分钟已经在一定程度上提高了地铁站周边居民的可达性。

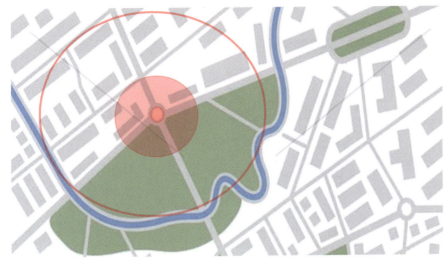

图 8-33　某城市××地铁站周边的骑行轨迹

但是，当把用户的骑行轨迹也在图 8-33 中显示之后，我们发现用户使用单车的范围已经远远超出了 10 分钟的范围，而是朝着外部红色的大圆圈延伸，已经把骑行范围扩大到距离地铁站 4000～5000 米的范围。同时，公共交通的优化范围也得到了显著增大。

通过上面的分析也能够得出，人们选择共享单车出行，可以扩大地铁站的延伸范围，减少地铁站、公交站等覆盖盲区，让那些步行时间太长而不选择公共交通出行的用户，通过共享单车提供的便利，放弃私家车出行，选择使用共享单车到离家在可接受范围内的地铁站或者公交站，对于缓解城市拥堵、节能减排起到了重要的作用。

在为城市做公共交通的优化时，共享单车给市民的出行提供了更多的选择，可以进一步提升地铁站和公交站的出行活跃度，扩大地铁站和公交站的辐射范围。

通过分析骑行大数据，政府可以在覆盖区域建设更多的小区或者商业形态，促进形成混合用途的紧凑型社区，优化城市规划。

3. 出行 OD（Origin Destination，起止点）助力公交选址

城市居民的公交出行特征主要受乘客的站间距和站点周围设施吸引强度的影响。随着最近几年共享单车的流行，越来越多的人已经习惯用共享单车完成短距离出行，而这个短距离正是公交和地铁的补充和延伸，如果共享单车的开锁地点都比较集中于某一范围，说明这里的出行需求比较多，如图 8-34 所示。地铁站附近是出行起点密集的地方，说明出行需求多，可以作为公交站的备选，根据距离和骑行人数可以规划把临近的公交路线延伸一条过来，以满足更多人的出行需求。

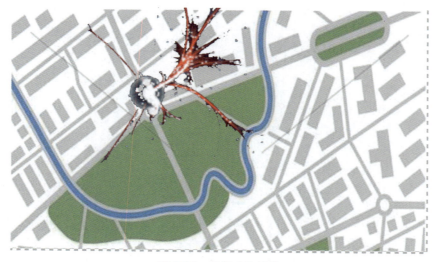

图 8-34 出行 OD 线路

4. 自行车道规划

在 20 世纪七八十年代，自行车在中国很流行，甚至成为当时结婚的"三大件"之一，人们大部分都会选择自行车出行，中国也被称为自行车大国。近些年，随着人们生活水平的提高，越来越多的人开始购买私家车，逐渐替代了自行车。私家车成了人们出行的首选，造成了城市的拥堵和环境污染等各种城市问题。

其实，有很多出行场景都是可以通过自行车解决的，特别是短距离的出行，完全没有必要开私家车出行，不仅浪费而且停车也不方便。共享单车的出现很好

地解决了短距离出行的问题，让自行车重回城市，但是，城市的自行车道规划还没有完全跟上共享单车的发展，城市的自行车道数量更是少得可怜，造成很多单车骑行用户在机动车道骑行，这样很容易导致交通事故，造成一定程度的拥堵，用户出行体验也不好。可见，单车出行大数据可以为政府重新规划自行车道提供很有价值的参考。

基于共享单车的用户出行轨迹数据，城市规划人员可以通过路网距离的空间聚类和贪心算法完成网络拓展，分析得出自行车道的可实施路线，并结合实地调研情况，为政府的自行车道规划提供参考方案，以便进一步实施。

如图8-35所示，政府可以根据算法分析的结果，在这些道路分支上修建自行车道，或者加强对这些路线的管理，处理违章停车等交通问题，可以保证路线的畅通，减少交通事故的发生。可见，人们骑行共享单车的数据分析结论，可以为政府合理规划自行车道提供重要的参考意见。大量共享单车的轨迹数据可以为政府推荐自行车道的规划和建设建议，使其充分挖掘大数据在城市基础设施建设中的重大价值。

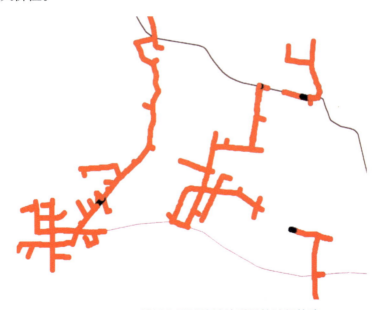

图8-35　某城市区域地铁站附近的骑行轨迹

基于海量的数据深度挖掘数据价值，大数据和人工智能这些新兴技术可以为城市规划和建设提供更多的数据支持与方案，有助于解决交通拥堵、环境污染等问题，为市民提供一个更加便利的出行环境，让大数据驱动生活更加美好！

后记

本书的内容，算是对近些年来工作的一个总结。书中介绍的内容仅仅是我自己的一部分经历，可能会受限于公司和行业背景，并且随着行业和技术的不断发展，书中介绍的各类产品也会不断完善和迭代。但是我相信，数据驱动企业精细化运营这条路是不会变的，数据发挥的价值只会越来越大。

数据产品经理是一个新兴的职位，我也仅仅在这个行业六七年，远远没有达到深耕的程度，所以见解难免有片面或者疏漏的地方，还请读者在阅读过程中多多指正，希望以后在这个行业继续积累经验，为读者贡献更多、更专业的内容。

在完成本书的过程中，我要感谢王瑞杰贡献大数据产品在内容领域中的相关内容，感谢李岩在用户行为平台领域中分享的经验，他们让本书的内容更加全面。感谢家人在写书过程中给予的支持，最后，感谢电子工业出版社博文视点公司的编辑石悦在书籍出版过程中给予的专业指导和帮助。

本书既是我对过去一个阶段工作的总结，同时又是下一个阶段的开始。大数据产品在各行各业中的应用还不止于此。随着 5G 时代的到来，传统行业会更多地与互联网结合，大数据也会在更多的维度上驱动产业升级。作为一名数据产品经理，我希望在这个最好的时代，用数据产品驱动世界变得越来越美好。